普通高等教育"十四五"规划教材

冶金工业出版社

简明工程弹性力学学习指导

Concise Study Guide for Engineering Elastic Mechanics

周喻　商玉洁　徐辉　编

北京

冶金工业出版社

2022

内 容 提 要

本书主要总结了弹性力学主要知识点的学习要求，并对重点知识进行了归纳，对典型例题进行了分析，主要内容包括绪论、平面问题的基本理论、平面问题的直角坐标解答、平面问题的极坐标解答等。本书可与"弹性力学基础与数值模拟"课程教材《简明工程弹性力学与有限元分析》《Basic English of Rock Mechanics》等配套使用，书中还附有习题，各章节内容有对应的英文翻译。

本书可供采矿工程专业本科生使用，也可供相关专业工程技术人员学习参考。

图书在版编目(CIP)数据

简明工程弹性力学学习指导/周喻，商玉洁，徐辉编．—北京：冶金工业出版社，2022.12
普通高等教育"十四五"规划教材
ISBN 978-7-5024-9304-2

Ⅰ.①简… Ⅱ.①周… ②商… ③徐… Ⅲ.①工程力学—弹性力学—高等学校—教学参考资料 Ⅳ.①TB125

中国版本图书馆 CIP 数据核字(2022)第 231379 号

简明工程弹性力学学习指导
Concise Study Guide for Engineering Elastic Mechanics

出版发行	冶金工业出版社	**电　话**	(010)64027926
地　址	北京市东城区嵩祝院北巷 39 号	**邮　编**	100009
网　址	www.mip1953.com	**电子信箱**	service@mip1953.com

责任编辑　高　娜　美术编辑　吕欣童　版式设计　郑小利
责任校对　李　娜　责任印制　禹　蕊
北京虎彩文化传播有限公司印刷
2022 年 12 月第 1 版，2022 年 12 月第 1 次印刷
787mm×1092mm　1/16；10 印张；241 千字；152 页
定价 43.00 元

投稿电话　(010)64027932　投稿信箱　tougao@cnmip.com.cn
营销中心电话　(010)64044283
冶金工业出版社天猫旗舰店　yjgycbs.tmall.com
(本书如有印装质量问题，本社营销中心负责退换)

前　言

弹性力学是固体力学的一个重要分支，主要研究物体由于外力、边界约束等作用，在弹性变形范围内产生的应力、应变和位移。弹性力学是高等院校采矿工程本科专业学科基础核心课程，并广泛应用于矿山工程的受力分析研究中。然而，弹性力学课程理论抽象，数学推导烦琐，课程枯燥乏味，相比其他课程难度较大，对于学生而言，吸引力显然不足。与此同时，采矿工程学科建设中面临的工程设计问题越来越复杂，这对采矿工程专业教学提出了严峻的挑战。

为开展传统工科专业改革创新的"新工科"建设，打造具有采矿工程专业特色的弹性力学课程教学体系，编者在前期编写的相关课程教材《简明工程弹性力学与有限元分析》的基础上，有针对性地编写了本书，以期加强学生对弹性力学基础理论知识的理解与掌握，全面提升学生运用弹性力学基础理论与方法解决复杂工程问题，尤其是采矿专业问题的综合分析能力，着力培养学生掌握现代化工程力学理论及创新思维能力。与此同时，本书各章节内容中辅以英文翻译，以期全面提升采矿工程专业本科生的专业英语能力，实现培养具有国际化视野的高素质人才的目标。

本书各章节主体内容均可分为四部分：第一部分是"学习要求"，明确每章的学习任务和学习目标，使得学生学习过程中有的放矢；第二部分是"重点知识归纳"，通过表格、图像和流程图等形式对重点知识点进行总结和分析；第三部分是"典型例题分析"，对具有代表性的常见题型进行解题过程分析，并对解题技巧进行归纳；第四部分是"课后习题"，布置了相关知识点的练习。

鉴于编者水平有限，书中难免存在疏漏和不足之处，敬请读者批评指正，以使本书得以不断修正和完善。

北京科技大学　周　喻

2022 年 9 月 10 日

主要符号说明

坐标：直角坐标系 x，y；极坐标系 ρ，φ；极坐标系 γ，θ

体力分量：f_x，f_y（直角坐标系）；f_ρ，f_φ（极坐标系）；f_γ，f_θ（极坐标系）

面力分量：$\bar{f}_x$，$\bar{f}_y$（直角坐标系）；$\bar{f}_\rho$，$\bar{f}_\varphi$（极坐标系）；$\bar{f}_\gamma$，$\bar{f}_\theta$（极坐标系）

位移分量：u，v（直角坐标系）；u_ρ，u_φ（极坐标系）；u_γ，u_θ（极坐标系）

边界约束分量：$\bar{u}$，$\bar{v}$（直角坐标系）

方向余弦：l，m（直角坐标系或极坐标系）

正应力：σ

切应力：τ

全应力：p

斜面应力分量：p_x，p_y（直角坐标系）

斜面法向应力与剪切应力：σ_n，τ_n

体积应力：Θ

应变分量：线应变 ε，切应变 γ，体应变 θ

艾里应力函数：Φ

弹性模量：E

切变模量：G

体积模量：K

泊松比：μ

Description of Main Symbols

Coordinates: Cartesian coordinates x, y; Polar coordinates ρ, φ; Polar coordinates γ, θ

Body force component: f_x, f_y (Cartesian coordinate system); f_ρ, f_φ (Polar coordinate system); f_γ, f_θ (Polar coordinates)

Surface force component: $\bar{f}_x$, $\bar{f}_y$ (Cartesian coordinate system); $\bar{f}_\rho$, $\bar{f}_\varphi$ (Polar coordinate system); $\bar{f}_\gamma$, $\bar{f}_\theta$ (Polar coordinates)

Displacement component: u, v (Cartesian coordinate system); u_ρ, u_φ (Polar coordinate system); u_γ, u_θ (Polar coordinates)

Boundary constraint component: $\bar{u}$, $\bar{v}$ (Cartesian coordinate system)

Direction cosine: l, m (Cartesian coordinate system or Polar coordinates)

Normal stress: σ

Shear stress: τ

Total stress: p

Inclined plane stress component: p_x, p_y (Cartesian coordinate system)

Inclined plane normal stress and shear stress: σ_n, τ_n

Volume stress: Θ

Strain component: line strain ε, shear strain γ, volume strain θ

Airy stress function: Φ

Elasticity modulus: E

Shear modulus: G

Bulk modulus: K

Poisson's ratio: μ

目　　录

目　录

1 绪论 （Introduction）

1.1 学习要求（Study requirements）

在学习本章时，要求掌握：

（1）弹性力学的内容、研究对象和研究方法，及其与材料力学的区别。

（2）弹性力学的基本假定，及其在建立弹性力学理论中的应用。

（3）弹性力学的主要物理量的定义、量纲、正负号规定等，及其与材料力学相比的不同之处。

(1) The content, research objects and research methods of elastic mechanics, and its difference from material mechanics.

(2) Basic assumptions of elastic mechanics and their application in establishing elasticity theory.

(3) Definitions, dimensions and sign regulations of main physical quantities of elastic mechanics, and their differences compared with the mechanics of materials.

1.2 重点知识归纳（Summary of key knowledge）

（1）弹性力学的基本任务是研究弹性体由于受外力、边界约束或温度改变等作用下，弹性变形范围内的应力、形变和位移。

（2）弹性力学中的基本物理量。

体力——分布在物体体积内的力，记号为 f_x、f_y，量纲为 $L^{-2}MT^{-2}$，以坐标轴正向为正。

面力——分布在物体表面上的力，记号为 $\bar{f}_x$、$\bar{f}_y$，量纲为 $L^{-1}MT^{-2}$，以坐标轴正向为正。

应力——单位截面面积上的内力，记号为 σ_x、σ_y、τ_{xy}，量纲为 $L^{-1}MT^{-2}$，以正面正向、负面负向为正，反之为负。

应变——用线应变 ε_x、ε_y 和切应变 γ_{xy} 表示，量纲为 1，线应变以伸长为正，切应变以直角减小为正。

位移——一点位置的移动，记号为 u、v，量纲为 L，以正标向为正。

（3）弹性力学中的基本假定。理想弹性体假定——连续性，完全弹性，均匀性，各向同性，小变形假定。

1）连续性。假定研究物体为连续的，即在物体内部均被连续介质填充，不存在空隙，亦即从宏观角度上认为物体是连续的。其实在现实世界中，没有任何物体是完全连续的，所有物体均为微粒组成，但微粒的尺寸及彼此间的距离和物体的宏观尺寸相比，太过于渺小，所以可以近似假定物体是连续的，这样对其计算也不会引起较大的误差，同时所有的物理量还可用连续函数表示。

2）完全弹性。假定研究的物体是完全弹性的。该假定包含两层含义：①当外力消失时，物体可完全恢复原状，不留任何残余变形；②物体所受的应力与相应的应变成正比，即"线性弹性"。根据完全弹性假定，物体中的应力与应变之间的物理关系可以用胡克定律来表示，两者一一对应，且其弹性常数不随应力或变形的变化而变化。

3）均匀性。物体是由同种材料组成，物体内任何部位的材料性质均相同。此种假设也是相对的，任何物体内部不可能完全均匀，但只要颗粒尺寸远小于该物体的宏观尺寸，且该种颗粒或多种颗粒是均匀分布于物体内部，则可以假定该物体为均匀的，如混凝土构件等。此假设可使物体的弹性常数等不随位置坐标而变化。

4）各向同性。物体内任一点各方向的材料性质都相同，即对物体进行各个方向的同种实验均得出相同的结果，弹性常数等不随方向的变化而变化。如竹材、复合板等属于均匀分布，但却是各向异性的材料。

5）小变形假定。假定物体的位移和应变均是微小的，即物体在受力后，其位移和转角值均远远小于物体的宏观尺寸，应变远小于1。小变形假定在推导弹性力学的基本方程中，主要发挥两方面作用：①简化几何方程。由于应变远小于1，因此可以在几何方程中略去高阶项，只保留应变的一次幂，从而使几何方程化简为线性方程。②简化平衡方程。在物体发生变形后再考虑平衡条件时，计算过程会过于复杂。若假设位移和变形均是微小的，则可用变形前的微元体尺寸代替变形后的尺寸，从而很大程度简化了静力平衡方程的推导过程。

以上五条基本假定，明确了弹性力学的研究范畴，即理想弹性体的小变形状态。

（4）弹性力学的研究方法。

已知：物体的边界形状、材料性质、体力、边界上的面力或约束。

求解：应力、应变和位移。

解法：在弹性体区域内，根据微分体上力的平衡条件建立平衡微分方程；根据微分线段上应变和位移的几何条件，建立几何方程；根据应力和应变之间的物理条件建立物理方程。

在弹性体边界上，根据面力条件，建立应力边界条件；根据约束条件建立位移边界条件。

然后在边界条件下，求解弹性体区域内的微分方程，得出应力、应变和位移。

（1）The basic task of elastic mechanics is to study the stress, strain and displacement within the elastic strain range of an elastic body due to external forces, boundary constraints or temperature changes.

（2）Basic physical quantities in elastic mechanics.

Physical force—the force distributed in the volume of the object, marked as f_x, f_y, dimension is $L^{-2}MT^{-2}$, and the positive direction of the coordinate axis is positive.

Surface force—the force distributed on the surface of the object, marked as $\bar{f}_x$, $\bar{f}_y$, dimension is $L^{-1}MT^{-2}$, and the positive direction of the coordinate axis is positive.

Stress—internal force per unit cross-sectional area, marked as σ_x, σ_y, τ_{xy}, dimension is $L^{-1}MT^{-2}$, positive positive and negative negative are positive; otherwise, negative.

Strain—expressed by line strain ε_x, ε_y and shear strain γ_{xy}, the dimension is one, the line strain is positive with elongation, and the shear strain is positive with right-angle reduction.

Displacement—the movement of a point, the symbols are u, v, the dimension is L, and the positive direction is positive.

(3) Basic assumptions in elastic mechanics. Ideal elastic body assumptions—continuous, perfectly elastic, homogeneous, isotropic. Small strains are assumed.

1) Continuity. It is assumed that the research object is continuous, that is, the interior of the object is filled with continuous medium, and there is no gap, that is, the object is considered to be continuous from a macroscopic point of view. In fact, in the real world, nothing is completely continuous. All objects are composed of particles, but the size and distance between particles are too small compared to the macroscopic size of the object, so it can be approximately assumed that the object is continuous, so that its calculation will not cause large errors, and all physical quantities can also be represented by continuous functions.

2) Completely elastic. The object under study is assumed to be perfectly elastic. This assumption contains two meanings: ① When the external force is removed, the object can be completely restored to its original state without any residual strain; ② The stress on the object is proportional to the corresponding strain, that is, "linear elasticity". According to the assumption of complete elasticity, the physical relationship between stress and strain in an object can be expressed by Hooke's law, the two are in one-to-one correspondence, and their elastic constants do not change with changes in stress or strain.

3) Uniformity. Objects are composed of the same material, and the material properties of any part of the object are the same. This assumption is also relative, and the interior of any object cannot be completely uniform, but as long as the particle size is much smaller than the macroscopic size of the object, and the particle or particles are uniformly distributed inside the object, the object can be assumed to be uniform, such as concrete components, etc. This assumption can make the elastic constant of the object, etc. not vary with the position coordinates.

4) Isotropic. The material properties of any point in the object are the same in all directions, that is, the same experiments are carried out on the object in all directions, and the same results are obtained, and the elastic constant does not change with the change of direction. Such as bamboo, composite board, etc. belong to uniform distribution, but them are anisotropic materials.

5) Small strain assumption. It is assumed that the displacement and strain of the object are small. After the object is stressed, its displacement and rotation angle values are far smaller than

the macroscopic size of the object, and the strain is far less than 1. The assumption of small strain plays two main roles in deriving the basic equations of elasticity：①Simplifying the geometric equations. Since the strain is much less than 1, the higher-order term can be omitted in the geometric equation, and only the first power of the strain is retained, thereby the geometric equation is reduced to a linear equation. ② Simplifying the equilibrium equation. When the equilibrium conditions are considered after the object is deformed, the calculation process becomes too complicated. If the displacement and strain are assumed to be small, the size of the micro-element before strain can be used to replace the size after strain, which greatly simplifies the derivation process of the static equilibrium equation.

The above five basic assumptions define the research category of elastic mechanics, that is, the small strain state of an ideal elastic body.

(4) Research methods of elasticity.

Known：The object′s boundary shape, material properties, body forces, surface forces or constraints on the boundary.

Solving：stress, strain, and displacement.

Solution：In the elastic body region, the equilibrium differential equation is established according to the equilibrium condition of the force on the differential body；the geometrical equation is established according to the geometrical conditions of the strain and displacement on the differential line segment；the physical equation is established according to the physical condition between the stress and the strain.

On the elastic body boundary, the stress boundary condition is established according to the surface force condition；the displacement boundary condition is established according to the constraint condition.

Then, under boundary conditions, the differential equations in the elastic body region are solved to obtain the stress, strain and displacement.

1.3 典型例题分析（Analysis of typical examples）

【例1-1】 试举例说明，什么是均匀的各向异性体，什么是非均匀的各向同性体，什么是非均匀的各向异性体。

【解答】 木材、竹材是均匀的各向异性体；混合材料通常为非均匀的各向同性体，如砂石混凝土构件；某些生物组织如长骨，为非均匀的各向同性体。

【例1-2】 五个基本假定在建立弹性力学基本方程时有什么用途?

【解答】 (1) 连续性假定：引用这一假定以后，物体中的应力、应变和位移等物理量就可看成是连续的，因此，建立弹性力学的基本方程时就可以用坐标的连续函数来表示它们的变化规律。

(2) 完全弹性假定：引用这一完全弹性的假定还包含形变与形变引起的正应力成正比的含义，亦即两者成线性的关系，服从胡克定律，从而使物理方程化简为线性的方程。

(3) 均匀性假定：在该假定下，所研究的物体内部各点的物理性质显然都是相同的。

因此，反映这些物理性质的弹性常数（如弹性模量 E 和泊松比 μ 等）就不随位置坐标而变化。

（4）各向同性假定：所谓"各向同性"是指物体的物理性质在各个方向上都是相同的。进一步说，就是物体的弹性常数也不随方向而变化。

（5）小变形假定：我们研究物体受力后的平衡问题时，不用考虑物体尺寸的改变，而仍然按照原来的尺寸和形状进行计算。同时，在研究物体的变形和位移时，可以将它们的二次幂或乘积略去不计，使得弹性力学中的微分方程都简化为线性微分方程。

【例1-3】试画出图示坐标系下，图1-1中物体上正的面力和正的体力。

【解答】面力和体力永远以沿坐标轴正向为正，并注意面力是以所在作用面上的单位面积上的面力值来表示的。

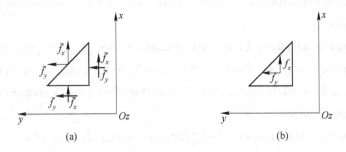

图1-1 例1-3图

（a）正的面力；（b）正的体力

【例1-4】试画出图1-2的矩形薄板的正的体力、面力和应力的方向。

【解答】正的体力见图1-2（a），正的面力见图1-2（b），正的应力见图1-2（c）。

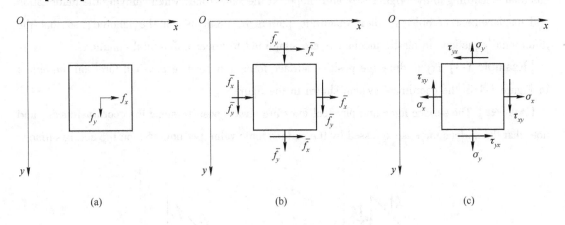

图1-2 例1-4图

（a）正的体力；（b）正的面力；（c）正的应力

【Example 1-1】 Give an example to illustrate what is a homogeneous anisotropic body, what is a non-uniform isotropic body, and what is a non-uniform anisotropic body.

【Answer】 Wood and bamboo are homogeneous anisotropic bodies; mixed materials are usually heterogeneous isotropic bodies, such as sandstone concrete components; biological tissues such as long bones are heterogeneous isotropic body.

【Example 1-2】 What is the use of the five basic assumptions in establishing the basic equations of elasticity?

【Answer】 (1) Continuity assumption: After citing this assumption, the physical quantities such as stress, strain and displacement in the object can be regarded as continuous. Therefore, the continuous function of coordinates can be used to establish the basic equations of elasticity to show their variation.

(2) Assumption of complete elasticity: The assumption of complete elasticity also includes the meaning that the deformation is proportional to the normal stress caused by the deformation, that is, the relationship between the two is linear, obeying Hooke's law, so that the physical equation becomes a linear equation .

(3) Homogeneity assumption: Under this assumption, the physical properties of each point inside the object under study are obviously the same. Therefore, the elastic constants (such as elastic modulus E and Poisson's ratio μ, etc.) reflecting these physical properties do not change with the position coordinates.

(4) Isotropic assumption: The so-called "isotropy" means that the physical properties of an object are the same in all directions. Furthermore, the elastic constant of the object does not change with the direction.

(5) Assumption of small deformation: When we study the balance problem of an object after being subjected to force, we do not need to consider the change of the size of the object, but still calculate according to the original size and shape. At the same time, when studying the deformation and displacement of objects, their quadratic powers or products can be ignored, so that the differential equations in elastic mechanics are simplified to linear differential equations.

【Example 1-3】 Try to draw the positive surface force and positive physical force on the object in Figure 1-1 in the coordinate system shown in the figure.

【Answer】 The surface force and physical force are always positive along the coordinate axis, and note that the surface force is expressed by the surface force value per unit area on the acting surface.

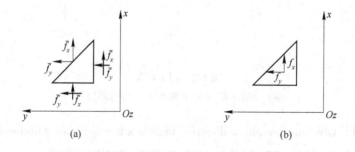

Figure 1-1　Example 1-3

(a) Positive surface force; (b) Positive physical force

【**Example 1-4**】Try to plot the directions of the positive physical force, surface force, and stress for the rectangular thin plate shown in Figure 1-2.

【**Answer**】Positive physical force is shown in Figure 1-2 (a), positive surface force is shown in Figure 1-2 (b), and positive stress is shown in Figure 1-2 (c).

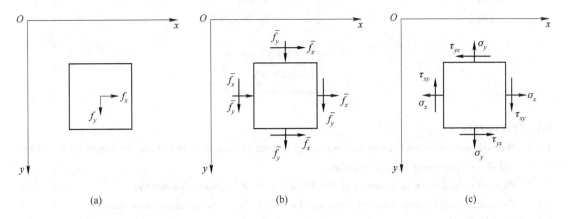

Figure 1-2   Example 1-4

(a) Positive physical force; (b) Positive surface force; (c) Positive stress

课后习题

1-1 判断题

1-1-1 材料力学研究杆件，不能分析板壳；弹性力学研究板壳，不能分析杆件。　　　　（　　）

1-1-2 体力作用在物体内部的各个质点上，所以它属于内力。　　　　　　　　　　　（　　）

1-1-3 在弹性力学和材料力学里，关于应力的正负规定是一样的。　　　　　　　　　（　　）

1-2 填空题

1-2-1 弹性力学研究物体在外因作用下，处于＿＿＿＿阶段的＿＿＿＿、＿＿＿＿和＿＿＿＿。

1-2-2 物体是各向同性的，是指物体＿＿＿＿＿＿相同。

1-2-3 物体的均匀性假定，是指物体内＿＿＿＿＿相同。

1-2-4 解答弹性力学问题必须从＿＿＿＿、＿＿＿＿、＿＿＿＿三个方面来考虑。

1-3 选择题

1-3-1 弹性力学对杆件分析　　　　　　　　　　　　　　　　　　　　　　　　　　（　　）

    A. 无法分析　　　　　　　　　　　　　　B. 得出近似结果

    C. 得出精确结果　　　　　　　　　　　　D. 需采用一些关于变形的近似假定

1-3-2 下列外力不属于体力的是　　　　　　　　　　　　　　　　　　　　　　　　（　　）

    A. 重力　　　　　　　　　　　　　　　　B. 磁力

    C. 惯性力　　　　　　　　　　　　　　　D. 静水压力

1-3-3 下列对象不属于弹性力学研究对象的是　　　　　　　　　　　　　　　　　　（　　）

    A. 杆件　　　　　　　　　　　　　　　　B. 板壳

    C. 块体　　　　　　　　　　　　　　　　D. 质点

1-3-4 将两块不同材料的金属板焊在一起，便成为一块   （   ）
    A. 连续均匀的板   B. 不连续也不均匀的板
    C. 不连续但均匀的板   D. 连续但不均匀的板

1-3-5 下列哪种材料可视为各向同性材料   （   ）
    A. 木材   B. 竹材
    C. 混凝土   D. 夹层板

Homework

1-1 True or false

1-1-1 Materials mechanics study members, but cannot analyze plates and shells; elastic mechanics studies plates and shells, but cannot analyze members.   （   ）

1-1-2 Physical force acts on each particle inside the object, so it belongs to internal force.   （   ）

1-1-3 The positive and negative rules for stress are the same in elasticity and material mechanics.   （   ）

1-2 Fill in the blanks

1-2-1 Elasticity studies the_____, _____and_____of an object in the_____stage under the action of external factors.

1-2-2 Objects are isotropic, meaning that objects_____are the same.

1-2-3 The homogeneity of an object is assumed to mean that the_____in the object are the same.

1-2-4 To solve the problem of elasticity, we must consider three aspects: _____, _____, _____.

1-3 Multiple choice questions

1-3-1 Analysis of members by elastic mechanics   （   ）
    A. Unable to analyze

    B. Approximate results

    C. Accurate results are obtained

    D. Some approximate assumptions about deformation are required

1-3-2 Which of the following external forces does not belong to physical force is   （   ）
    A. Gravity   B. Magnetic force
    C. Inertia force   D. Hydrostatic pressure

1-3-3 Which of the following objects does not belong to the research objects of elastic mechanics is   （   ）
    A. Rod   B. Shell
    C. Block   D. Mass point

1-3-4 Weld two metal plates of different materials together to make one   （   ）
    A. Continuous and uniform plate

    B. Discontinuous and uneven plate

    C. Discontinuous but uniform plate

    D. Continuous but uneven plate

1-3-5 Which of the following materials can be considered as isotropic materials   （   ）
    A. Timber   B. Bamboo
    C. Concrete   D. Sandwich plate

2 平面问题的基本理论 (Basic Theory of Plane Problems)

2.1 学习要求 (Study requirements)

本章系统地介绍弹性力学平面问题的基本理论，在弹性力学中具有典型性和代表性。要求学生深入掌握的主要内容是：

(1) 两类平面问题的定义。

(2) 在平面区域内，平衡微分方程、几何方程和物理方程的建立。

(3) 在边界上，位移边界条件和应力边界条件的建立，圣维南原理的应用。

(4) 按位移求解和按应力求解的方法，应力函数的应用。

(5) 关于一点应力状态的分析。

为了深入地理解平面问题的基本理论，要求做到：清楚地了解上述有关问题的提出和分析方法；自己动手推导公式，以加深理解；对上述各点内容进行总结归纳，掌握其要点。

This chapter systematically introduces the basic theory of plane problem in elasticity, which is typical and representative in elasticity. The main contents that students are required to master are:

(1) Definition of two types of plane problems.

(2) In the plane area, the establishment of balanced differential equations, geometric equations and physical equations.

(3) On the boundary, the establishment of displacement boundary conditions and stress boundary conditions, and the application of Saint-Venant's principle.

(4) The methods of solving by displacement and solving by stress, and the application of stress function.

(5) Analysis of the stress state at one point.

In order to deeply understand the basic theory of plane problems, it is required to: Clearly understand the method of raising and analyzing the above-mentioned related problems; Deduce the formula by yourself to deepen the understanding; Summarize the above points and master the main points .

2.2 重点知识归纳 (Summary of key knowledge)

(1) 平面问题包括平面应力问题和平面应变问题。它们的特征如下。

1）平面应力问题：$\sigma_z = \tau_{zx} = \tau_{zy} = 0$，只有平面应力分量 σ_x、σ_y 和 τ_{xy} 存在；应力和应变均只是 x、y 的函数。

2）平面应变问题：$\varepsilon_z = \gamma_{zx} = \gamma_{zy} = 0$，只有平面应变分量 ε_x、ε_y 和 γ_{xy} 存在；应力、应变和位移只是 x、y 的函数。

平面应力问题对应的弹性体通常为等厚度薄板，而平面应变问题对应的弹性体通常为等截面长柱体。这两类平面问题的平衡微分方程、几何方程、应力和位移边界条件都完全相同，只有物理方程的系数不同。如果将平面应力问题的物理方程作 $E \to \dfrac{E}{1-\mu^2}$，$\mu \to \dfrac{\mu}{1-\mu}$ 的变换，便可得到平面应变问题的物理方程。两者的求解方法及解答也只需进行同样的弹性系数的变换。

（2）平面问题的基本方程和边界条件（平面应力问题）。平面问题中共有 8 个未知变量，即 σ_x、σ_y、τ_{xy}、ε_x、ε_y、γ_{xy}、u、v。它们必须满足区域内的基本方程：

平衡微分方程，

$$\begin{cases} \dfrac{\partial \sigma_x}{\partial x} + \dfrac{\partial \tau_{yx}}{\partial y} + f_x = 0 \\ \dfrac{\partial \sigma_y}{\partial y} + \dfrac{\partial \tau_{xy}}{\partial x} + f_y = 0 \end{cases}$$

几何问题，

$$\varepsilon_x = \frac{\partial u}{\partial x}, \quad \varepsilon_y = \frac{\partial v}{\partial y}, \quad \gamma_{xy} = \frac{\partial v}{\partial x} + \frac{\partial u}{\partial y}$$

物理方程，

$$\begin{cases} \varepsilon_x = \dfrac{1}{E}(\sigma_x - \mu\sigma_y), \quad \varepsilon_y = \dfrac{1}{E}(\sigma_y - \mu\sigma_x) \\ \gamma_{xy} = \dfrac{2(1+\mu)}{E}\tau_{xy} \end{cases}$$

和边界条件：

应力边界条件，

$$\begin{cases} (l\sigma_x + m\tau_{yx})_s = \bar{f}_x \\ (m\sigma_y + l\tau_{xy})_s = \bar{f}_y \end{cases} \quad （在 s_\sigma 上）$$

位移边界条件，

$$(u)_s = \bar{u}, \quad (v)_s = \bar{v} \quad （在 s_u 上）$$

（3）按位移求解平面问题（平面应力问题），位移分量 u 和 v 必须满足下列全部条件。

1）用位移表示的平衡微分方程：

$$\begin{cases} \dfrac{E}{1-\mu^2}\left(\dfrac{\partial^2 u}{\partial x^2} + \dfrac{1-\mu}{2}\dfrac{\partial^2 u}{\partial y^2} + \dfrac{1+\mu}{2}\dfrac{\partial^2 v}{\partial x \partial y} \right) + f_x = 0 \\ \dfrac{E}{1-\mu^2}\left(\dfrac{\partial^2 v}{\partial y^2} + \dfrac{1-\mu}{2}\dfrac{\partial^2 v}{\partial x^2} + \dfrac{1+\mu}{2}\dfrac{\partial^2 u}{\partial x \partial y} \right) + f_y = 0 \end{cases}$$

2）用位移表示的应力边界条件：

$$\begin{cases}\dfrac{E}{1-\mu^2}\left[l\left(\dfrac{\partial u}{\partial x}+\mu\dfrac{\partial v}{\partial y}\right)+m\dfrac{1-\mu}{2}\left(\dfrac{\partial u}{\partial y}+\dfrac{\partial v}{\partial x}\right)\right]=\bar f_x\\[2mm]\dfrac{E}{1-\mu^2}\left[m\left(\dfrac{\partial v}{\partial y}+\mu\dfrac{\partial u}{\partial x}\right)+l\dfrac{1-\mu}{2}\left(\dfrac{\partial v}{\partial x}+\dfrac{\partial u}{\partial y}\right)\right]=\bar f_y\end{cases}\quad(\text{在}\ s_\sigma\ \text{上})$$

3）位移边界条件：

$$(u)_s=\bar u,\ (v)_s=\bar v\quad(\text{在}\ s_u\ \text{上})$$

（4）按应力求解平面问题（平面应力问题），应力分量 σ_x、σ_y 和 τ_{xy} 必须满足下列全部条件。

1）平衡微分方程：

$$\begin{cases}\dfrac{\partial\sigma_x}{\partial x}+\dfrac{\partial\tau_{yx}}{\partial y}+f_x=0\\[2mm]\dfrac{\partial\sigma_y}{\partial y}+\dfrac{\partial\tau_{xy}}{\partial x}+f_y=0\end{cases}$$

2）相容方程：

$$\nabla^2(\sigma_x+\sigma_y)=-(1+\mu)\left(\dfrac{\partial f_x}{\partial x}+\dfrac{\partial f_y}{\partial y}\right)$$

3）应力边界条件（假设全部为应力边界条件，$s=s_\sigma$）：

$$\begin{cases}(l\sigma_x+m\tau_{yx})_s=\bar f_x\\(m\sigma_y+l\tau_{xy})_s=\bar f_y\end{cases}\quad(\text{在}\ s=s_\sigma\ \text{上})$$

4）若为多连体，还须满足位移单值条件。

（5）在常体力情况下，按应力求解可进一步简化为按应力函数 Φ 求解。Φ 必须满足下列全部条件。

1）相容方程：

$$\nabla^4\Phi=0$$

2）应力边界条件（假设全部为应力边界条件，$s=s_\sigma$）：

$$\begin{cases}(l\sigma_x+m\tau_{yx})_s=\bar f_x\\(m\sigma_y+l\tau_{xy})_s=\bar f_y\end{cases}\quad(\text{在}\ s=s_\sigma\ \text{上})$$

3）若为多连体，还须满足位移单值条件。

求出应力函数 Φ 后，可以按以下式求出应力分量：

$$\sigma_x=\dfrac{\partial^2\Phi}{\partial y^2}-f_x x,\ \sigma_y=\dfrac{\partial^2\Phi}{\partial x^2}-f_y y,\ \tau_{xy}=-\dfrac{\partial^2\Phi}{\partial x\partial y}$$

上述应力用应力函数 Φ 表达的式子，是从平衡微分方程导出并必然满足该方程的解答。

（6）平面问题中一点的应力状态。

1）斜面应力分量 $\boldsymbol p=(p_x\quad p_y)$：

$$p_x=l\sigma_x+m\tau_{yx},\ p_y=m\sigma_y+l\tau_{xy}$$

2）斜面应力分量 $\boldsymbol p=(\sigma_n\quad\tau_n)$：

$$\sigma_n = l^2\sigma_x + m^2\sigma_y + 2lm\tau_{xy}$$

$$\tau_n = lm(\sigma_y - \sigma_x) + (l^2 - m^2)\tau_{xy}$$

3）主应力和应力主向：

$$\left.\begin{array}{c}\sigma_1 \\ \sigma_2\end{array}\right\} = \frac{\sigma_x + \sigma_y}{2} \pm \sqrt{\left(\frac{\sigma_x - \sigma_y}{2}\right)^2 + \tau_{xy}^2}$$

$$\tan\alpha_1 = \frac{\sigma_1 - \sigma_x}{\tau_{xy}}$$

σ_1 和 σ_2 的方向互相垂直。

4）最大和最小应力（若 $\sigma_1 \geqslant \sigma_2$）：

$$\left.\begin{array}{c}\max \\ \min\end{array}\right\}\sigma_n = \begin{array}{c}\sigma_1 \\ \sigma_2\end{array} \qquad \left.\begin{array}{c}\max \\ \min\end{array}\right\}\tau_n = \pm\frac{\sigma_1 - \sigma_2}{2}$$

最大和最小切应力，发生在与应力主向成 45°的斜面上。

（7）关于应力边界条件的说明。

$$\begin{cases}(l\sigma_x + m\tau_{yx})_s = \bar{f}_x(s) \\ (m\sigma_y + l\tau_{xy})_s = \bar{f}_y(s)\end{cases} \qquad （在 s = s_\sigma 上）$$

应用应力边界条件时，应注意以下几点：

应力边界条件表示边界 s_σ 上任一点的应力和面力之间的关系式。这时函数方程在 s_σ 上每一点都应满足。

$p_x = l\sigma_x + m\tau_{xy}$，$p_y = m\sigma_y + l\tau_{xy}$ 表示区域内任一点的斜面上应力 p_x、p_y 与坐标面上应力 σ_x、σ_y、τ_{xy} 之间的关系式，适用于区域内任一点。而应力边界条件只能应用于边界点上，因此必须将边界线 s 的方程代入上式的应力表达式中。

注意上式中的面力、应力都有不同的正负符号规定，且分别作用于通过边界点的不同的面上。方向余弦 l、m 则按三角公式确定正负号。

在导出应力边界条件时，只考虑到一阶微量。体力项是二阶微量，因此没有出现。

在平面问题中，位移边界条件和应力边界条件都是两个，分别表示 x 向和 y 向的条件。应力边界条件是边界点上微分体的平衡条件，也属于静力学条件。

对于边界面为坐标面的情形，应力边界条件简化如下。

若 $x = a$ 为正 x 面，　　　　$(\sigma_x)_{x=a} = \bar{f}_x$，$(\tau_{xy})_{x=a} = \bar{f}_y$　　　　　　　　（2-1）

若 $x = b$ 为负 x 面，　　　　$(\sigma_x)_{x=b} = -\bar{f}_x$，$(\tau_{xy})_{x=b} = -\bar{f}_y$　　　　　（2-2）

由于应力和面力的符号规定不同，在正负坐标面上，式（2-1）和式（2-2）中的符号不同。

对于应力边界条件，可以采用两种表达方式：

1）在边界点取出一个微分体，考虑其平衡条件，便可得出上式的应力边界条件式（2-1）和式（2-2）。

2）在同一边界面上，应力分量应等于对应的面力分量（数值相同，方向一致）。由于面力的数值和方向是给定的，因此在同一边界面上，应力的数值应等于面力的数值，而面力的方向就是应力的方向。例如，在斜面上，$(p_x)_s = \bar{f}_x$，$(p_y)_s = \bar{f}_y$；在正负坐标面上，如式（2-1）和式（2-2）所示。

（8）圣维南原理在小边界上的应用。

在大边界（又称为主要边界）上，必须采用（7）中精确的应力边界条件的表达式。这些应力边界条件是严格的（精确的），并且都是函数方程，表示边界 s 上每一点的应力与面力的对等关系。

在小边界（又称为次要边界，局部边界）上，当精确的应力边界条件不能满足时，可以应用圣维南原理，用3个积分的应力边界条件（等效的主矢量和等效的主矩的条件）来代替。

例如，在图 2-1 中，$x = \pm l$ 是小边界，在小边界上精确的应力边界条件应为：

$$(\sigma_x)_{x=\pm l} = \pm \bar{f}_x(y)， (\tau_{xy})_{x=\pm l} = \pm \bar{f}_y(y) \tag{2-3}$$

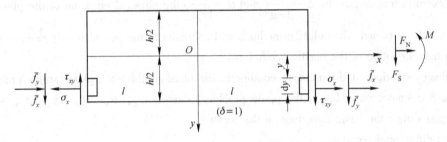

图 2-1 细长杆状物体中圣维南原理的等效

因为 $x = \pm l$ 是次要边界，可以列出3个主矢量和主矩对等的积分的应力边界条件（设梁的宽度，即 z 方向的尺寸为1），代替式（2-3），即

$$\begin{cases} \displaystyle\int_{-h/2}^{h/2} (\sigma_x)_{x=\pm l}\, \mathrm{d}y = \pm \int_{-h/2}^{h/2} \bar{f}_x(y)\, \mathrm{d}y \\[3mm] \displaystyle\int_{-h/2}^{h/2} (\sigma_x)_{x=\pm l}\, \mathrm{d}y \cdot y = \pm \int_{-h/2}^{h/2} \bar{f}_x(y)\, \mathrm{d}y \cdot y \\[3mm] \displaystyle\int_{-h/2}^{h/2} (\tau_{xy})_{x=\pm l}\, \mathrm{d}y = \pm \int_{-h/2}^{h/2} \bar{f}_y(y)\, \mathrm{d}y \end{cases} \tag{2-4}$$

在求解弹性力学问题时，必须首先考虑并精确地满足主要边界上的应力边界条件；然后考虑在次要边界上，若不能精确地满足应力边界条件，可以用上述3个积分的边界条件（等效的主矢量和等效的主矩的条件）来代替。

在所有的主要、次要边界上的全部边界条件都必须得到满足。当平衡微分方程和其他边界条件都已满足的情况下，最后一个次要边界上的3个积分的应力边界条件是必然满足的，因此可以不必进行校核。因为根据整体平衡条件，可以推出这3个积分的应力边界条件必然是满足的。

比较式（2-3）和式（2-4），可以看出：精确的应力边界条件是2个函数方程，且较难满足；近似的积分的应力边界条件是3个代数方程，且容易满足，但只能应用于小边界上。

(1) Plane problems include plane stress problems and plane strain problems. Their characteristics are:

1) Plane stress problem: $\sigma_z = \tau_{zx} = \tau_{zy} = 0$, only plane stress components σ_x, σ_y and τ_{xy} exist; Stress and strain are only functions of x, y.

2) Plane strain problem: $\varepsilon_z = \gamma_{zx} = \gamma_{zy} = 0$, only plane strain components ε_x, ε_y and γ_{xy} exist; Stress, strain and displacement are only functions of x, y.

The elastic body corresponding to the plane stress problem is usually a thin plate of equal thickness, while the elastic body corresponding to the plane strain problem is usually a long cylinder of constant cross-section. The equilibrium differential equations, geometric equations, stress and displacement boundary conditions for these two types of plane problems are identical, only the coefficients of the physical equations are different. If the physical equation of the plane stress problem is transformed by $E \to \dfrac{E}{1-\mu^2}$ and $\mu \to \dfrac{\mu}{1-\mu}$, the physical equation of the plane strain problem can be obtained. The solution methods and solutions of the two also only need to perform the same transformation of the elastic coefficient.

(2) Basic equations and boundary conditions for plane problems (plane stress problems). There are 8 unknown variables in the plane problem, namely σ_x, σ_y, τ_{xy}, ε_x, ε_y, γ_{xy}, u, v. They must satisfy the basic equations in the region:

Balance differential equation,

$$\begin{cases} \dfrac{\partial \sigma_x}{\partial x} + \dfrac{\partial \tau_{yx}}{\partial y} + f_x = 0 \\ \dfrac{\partial \sigma_y}{\partial y} + \dfrac{\partial \tau_{xy}}{\partial x} + f_y = 0 \end{cases}$$

Geometry problem,

$$\varepsilon_x = \frac{\partial u}{\partial x}, \ \varepsilon_y = \frac{\partial v}{\partial y}, \ \gamma_{xy} = \frac{\partial v}{\partial x} + \frac{\partial u}{\partial y}$$

Physical equation,

$$\begin{cases} \varepsilon_x = \dfrac{1}{E}(\sigma_x - \mu\sigma_y), \ \varepsilon_y = \dfrac{1}{E}(\sigma_y - \mu\sigma_x) \\ \gamma_{xy} = \dfrac{2(1+\mu)}{E}\tau_{xy} \end{cases}$$

and boundary conditions:

Stress boundary conditions,

$$\begin{cases} (l\sigma_x + m\tau_{yx})_s = \bar{f}_x \\ (m\sigma_y + l\tau_{xy})_s = \bar{f}_y \end{cases} \quad (在 s_\sigma 上)$$

Displacement boundary condition,

$$(u)_s = \bar{u}, \ (v)_s = \bar{v} \quad (在 s_u 上)$$

（3）To solve the plane problem by displacement (plane stress problem), the displacement components u and v must satisfy all of the following conditions.

1）Equilibrium differential equation expressed by displacement：

$$\begin{cases} \dfrac{E}{1-\mu^2}\left(\dfrac{\partial^2 u}{\partial x^2} + \dfrac{1-\mu}{2}\dfrac{\partial^2 u}{\partial y^2} + \dfrac{1+\mu}{2}\dfrac{\partial^2 v}{\partial x \partial y}\right) + f_x = 0 \\[3mm] \dfrac{E}{1-\mu^2}\left(\dfrac{\partial^2 v}{\partial y^2} + \dfrac{1-\mu}{2}\dfrac{\partial^2 v}{\partial x^2} + \dfrac{1+\mu}{2}\dfrac{\partial^2 u}{\partial x \partial y}\right) + f_y = 0 \end{cases}$$

2）Stress boundary condition expressed by displacement：

$$\begin{cases} \dfrac{E}{1-\mu^2}\left[l\left(\dfrac{\partial u}{\partial x} + \mu\dfrac{\partial v}{\partial y}\right) + m\dfrac{1-\mu}{2}\left(\dfrac{\partial u}{\partial y} + \dfrac{\partial v}{\partial x}\right)\right] = \bar{f}_x \\[3mm] \dfrac{E}{1-\mu^2}\left[m\left(\dfrac{\partial v}{\partial y} + \mu\dfrac{\partial u}{\partial x}\right) + l\dfrac{1-\mu}{2}\left(\dfrac{\partial v}{\partial x} + \dfrac{\partial u}{\partial y}\right)\right] = \bar{f}_y \end{cases} \quad (在\ s_\sigma\ 上)$$

3）Displacement boundary condition：

$$(u)_s = \bar{u}, \quad (v)_s = \bar{v} \quad (在\ s_u\ 上)$$

（4）To solve the plane problem by stress (plane stress problem), the stress components σ_x, σ_y and τ_{xy} must satisfy all of the following conditions.

1）Balance differential equation：

$$\begin{cases} \dfrac{\partial \sigma_x}{\partial x} + \dfrac{\partial \tau_{yx}}{\partial y} + f_x = 0 \\[3mm] \dfrac{\partial \sigma_y}{\partial y} + \dfrac{\partial \tau_{xy}}{\partial x} + f_y = 0 \end{cases}$$

2）Compatibility equation：

$$\nabla^2(\sigma_x + \sigma_y) = -(1+\mu)\left(\dfrac{\partial f_x}{\partial x} + \dfrac{\partial f_y}{\partial y}\right)$$

3）Stress boundary conditions (assuming all are stress boundary conditions, $s = s_\sigma$)：

$$\begin{cases} (l\sigma_x + m\tau_{yx})_s = \bar{f}_x \\[3mm] (m\sigma_y + l\tau_{xy})_s = \bar{f}_y \end{cases} \quad (在\ s = s_\sigma\ 上)$$

4）If it is a multi-connected body, it must also meet the displacement single-value condition.

（5）In the case of constant body force, the solution by stress can be further simplified as the solution by stress function Φ. Φ must satisfy all of the following conditions.

1）Compatibility equation：

$$\nabla^4 \Phi = 0$$

2) Stress boundary conditions (assuming all are stress boundary conditions, $s=s_\sigma$):

$$\begin{cases} (l\sigma_x + m\tau_{yx})_s = \bar{f}_x \\ (m\sigma_y + l\tau_{xy})_s = \bar{f}_y \end{cases} \quad (\text{在 } s = s_\sigma \text{ 上})$$

3) If it is a multi-connected body, it must also meet the displacement unit value condition.

After obtaining the stress function Φ, the stress component can be obtained according to the following formula:

$$\sigma_x = \frac{\partial^2 \Phi}{\partial y^2} - f_x x, \quad \sigma_y = \frac{\partial^2 \Phi}{\partial x^2} - f_y y, \quad \tau_{xy} = -\frac{\partial^2 \Phi}{\partial x \partial y}$$

The above-mentioned expression expressed by the stress function Φ is derived from the equilibrium differential equation and must satisfy the solution of the equation.

(6) Stress state at a point in a plane problem.

1) Slope stress component $\boldsymbol{p} = (p_x \quad p_y)$:

$$p_x = l\sigma_x + m\tau_{yx}, \quad p_y = m\sigma_y + l\tau_{xy}$$

2) Slope stress component $\boldsymbol{p} = (\sigma_n \quad \tau_n)$:

$$\sigma_n = l^2 \sigma_x + m^2 \sigma_y + 2lm\tau_{xy}$$

$$\tau_n = lm(\sigma_y - \sigma_x) + (l^2 - m^2)\tau_{xy}$$

3) Principal stress and stress principal direction:

$$\left.\begin{array}{c} \sigma_1 \\ \sigma_2 \end{array}\right\} = \frac{\sigma_x + \sigma_y}{2} \pm \sqrt{\left(\frac{\sigma_x - \sigma_y}{2}\right)^2 + \tau_{xy}^2}$$

$$\tan\alpha_1 = \frac{\sigma_1 - \sigma_x}{\tau_{xy}}$$

The directions of σ_1 and σ_2 are perpendicular to each other.

4) Maximum and minimum stress (if $\sigma_1 \geqslant \sigma_2$):

$$\left.\begin{array}{c} \max \\ \min \end{array}\right\} \sigma_n = \begin{array}{c} \sigma_1 \\ \sigma_2 \end{array} \qquad \left.\begin{array}{c} \max \\ \min \end{array}\right\} \tau_n = \pm\frac{\sigma_1 - \sigma_2}{2}$$

The maximum and minimum shear stress occurs on the slope at 45° to the principal direction of stress.

(7) Description of stress boundary conditions.

$$\begin{cases} (l\sigma_x + m\tau_{yx})_s = \bar{f}_x(s) \\ (m\sigma_y + l\tau_{xy})_s = \bar{f}_y(s) \end{cases} \quad (\text{在 } s = s_\sigma \text{ 上})$$

When applying stress boundary conditions, the following points should be noted:

The stress boundary condition represents the relationship between the stress at any point on the boundary s_σ and the surface force. This is the functional equation, which should be satisfied at every point on s_σ.

$p_x = l\sigma_x + m\tau_{xy}$ and $p_y = m\sigma_y + l\tau_{xy}$ represent the relationship between the stress p_x, p_y on the slope at any point in the region and the stress σ_x, σ_y, τ_{xy} on the coordinate plane, and are applicable to any point in the region. The stress boundary condition can only be applied to the boundary point, so the equation of the boundary line s must be substituted into the stress expression of the above formula.

Note that the surface force and stress in the above formula have different positive and negative signs, and they act on different surfaces passing through the boundary point respectively. The direction cosines l and m are determined according to the trigonometric formula.

When deriving the stress boundary conditions, only the first-order trace is considered. The stamina term is a second-order trace, so it doesn't appear.

In the plane problem, there are two boundary conditions for displacement and boundary conditions for stress, which represent the conditions in the x-direction and the y-direction, respectively. The stress boundary condition is the flat-street condition of the differential body on the boundary point, and also belongs to the static condition.

For the case where the boundary surface is a coordinate surface, the stress boundary conditions are simplified as follows.

If $x=a$ is a positive x-plane, $(\sigma_x)_{x=a} = \bar{f}_x$, $(\tau_{xy})_{x=a} = \bar{f}_y$ (2-1)

If $x=b$ is a negative x-plane, $(\sigma_x)_{x=b} = -\bar{f}_x$, $(\tau_{xy})_{x=b} = -\bar{f}_y$ (2-2)

Due to the different definitions of the signs of stress and surface force, the signs in expressions (2-1) and (2-2) are different on the positive and negative coordinate planes.

For the stress boundary conditions, two expressions can be used:

1) Taking a differential body at the boundary point and considering its equilibrium conditions, the stres boundary conditions of the above formula or formulas (2-1) and (2-2) can be obtained.

2) On the same boundary surface, the stress component should be equal to the corresponding surface force component (the same value and the same direction). Since the value and direction of the surface force are given, on the same boundary surface, the value of the stress should be equal to the value of the surface force, and the direction of the surface force is the direction of the stress. For example, on the inclined plane, $(p_x)_s = \bar{f}_x$, $(p_y)_s = \bar{f}_y$; on the positive and negative coordinate planes, as shown in formulas (2-1), (2-2).

(8) Application of Saint-Venant's principle to small boundaries.

On large boundaries (also known as major boundaries), the exact expression for the stress boundary conditions in item (7) must be used. These stress boundary conditions are strict (exact) and are functional equations that represent the equivalent relationship between stress and surface force at each point on the boundary s.

On small boundaries (also known as secondary boundaries, local boundaries), when the exact stress boundary conditions cannot be satisfied, Saint-Venant's principle can be applied, with 3 integral stress boundary conditions (equivalent principal vector and equivalent the principal moment condition) instead.

For example, in Figure 2-1, where $x = \pm l$ is the small boundary, the exact stress boundary condition on the small boundary would be

$$(\sigma_x)_{x=\pm l} = \pm \bar{f}_x(y), \quad (\tau_{xy})_{x=\pm l} = \pm \bar{f}_y(y) \tag{2-3}$$

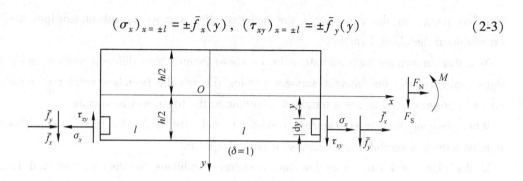

Figure 2-1   The equivalent of the principle of Sheng Weinan in the slender rod-shaped object

Since $x = \pm l$ is a secondary boundary, the stress boundary conditions for the integral of the 3 principal vectors and principal moments equivalent can be listed (let the width of the beam, i. e. the dimension in the z direction be 1), instead of equation (2-3), i. e.

$$
\begin{cases}
\displaystyle\int_{-h/2}^{h/2} (\sigma_x)_{x=\pm l}\,\mathrm{d}y = \pm \int_{-h/2}^{h/2} \bar{f}_x(y)\,\mathrm{d}y \\[2mm]
\displaystyle\int_{-h/2}^{h/2} (\sigma_x)_{x=\pm l}\,\mathrm{d}y \cdot y = \pm \int_{-h/2}^{h/2} \bar{f}_x(y)\,\mathrm{d}y \cdot y \\[2mm]
\displaystyle\int_{-h/2}^{h/2} (\tau_{xy})_{x=\pm l}\,\mathrm{d}y = \pm \int_{-h/2}^{h/2} \bar{f}_y(y)\,\mathrm{d}y
\end{cases} \tag{2-4}
$$

When solving elastic mechanics problems, the stress boundary conditions on the main boundary must be considered and accurately satisfied; then, on the secondary boundary, if the stress boundary conditions cannot be accurately satisfied, the boundary conditions of the above three integrals (conditions for equivalent principal vectors and equivalent principal moments) instead.

All boundary conditions must be satisfied on all primary and secondary boundaries. When the equilibrium differential equation and other boundary conditions are satisfied, the stress boundary conditions of the three integrals on the last secondary boundary are necessarily satisfied, so there is no need to check. Because according to the overall equilibrium condition, it can be deduced that the stress boundary conditions of these three integrals must be satisfied.

Comparing equations (2-3) and (2-4), it can be seen that the exact stress boundary conditions are two functional equations, which are difficult to satisfy; the approximate integral stress boundary conditions are three algebraic equations, which are easy to satisfy, but only applied to small borders.

2.3   典型例题分析（Analysis of typical examples）

【例 2-1】 如果某一问题中，$\sigma_z = \tau_{zx} = \tau_{zy} = 0$，只存在平面应力分量 σ_x、σ_y、τ_{xy}，且它们不沿 z 方向变化，仅为 x、y 的函数，试考虑此问题是否就是平面应力问题。

【解答】平面应力问题，就是作用在物体上的外力，约束沿 z 向均不变化，只有平面应力分量（σ_x，σ_y，τ_{xy}），且仅为 x、y 的函数的弹性力学问题，所以此问题是平面应力问题。

【例 2-2】 如果某一问题中，$\varepsilon_z = \gamma_{zx} = \gamma_{zy} = 0$，只存在平面应变分量 ε_x、ε_y、γ_{xy}，且它们不沿 z 方向变化，仅为 x、y 的函数，试考虑此问题是否就是平面应变问题。

【解答】平面应变问题，就是物体截面形状、体力、面力及约束沿 z 向均变化，只有平面应变分量（ε_x，ε_y，γ_{xy}），且仅为 x、y 的函数的弹性力学问题，所以此问题是平面应变问题。

【例 2-3】 已知薄板有下列形变关系：$\varepsilon_x = Axy$，$\varepsilon_y = By^3$，$\gamma_{xy} = C - Dy^2$，式中 A、B、C、D 皆为常数，试检查在形变过程中是否符合连续条件，若满足请列出应力分量表达式。

【解答】（1）相容条件。将形变分量代入形变协调方程（相容方程）：

$$\frac{\partial^2 \varepsilon_x}{\partial y^2} + \frac{\partial^2 \varepsilon_y}{\partial x^2} = \frac{\partial^2 \gamma_{xy}}{\partial x \partial y}$$

式中，

$$\frac{\partial^2 \varepsilon_x}{\partial y^2} = 0, \quad \frac{\partial^2 \varepsilon_y}{\partial x^2} = 0, \quad \frac{\partial^2 \gamma_{xy}}{\partial x \partial y} = 0$$

所以满足相容方程，符合连续性条件。

（2）在平面应力问题中，用形变分量表示的应力分量为：

$$\sigma_x = \frac{E}{1-\mu^2}(\varepsilon_x + \mu \varepsilon_y) = \frac{E}{1-\mu^2}(Axy + \mu By^3)$$

$$\sigma_y = \frac{E}{1-\mu^2}(\varepsilon_y + \mu \varepsilon_x) = \frac{E}{1-\mu^2}(\mu Axy + By^3)$$

$$\tau_{xy} = G\gamma_{xy} = G(C - Dy^2)$$

（3）平衡微分方程：

$$\begin{cases} \dfrac{\partial \sigma_x}{\partial x} + \dfrac{\partial \tau_{yx}}{\partial y} + f_x = 0 \\[3mm] \dfrac{\partial \sigma_y}{\partial y} + \dfrac{\partial \tau_{xy}}{\partial x} + f_y = 0 \end{cases}$$

式中，

$$\frac{\partial \sigma_x}{\partial x} = \frac{EA}{1-\mu^2}y, \quad \frac{\partial \sigma_y}{\partial y} = \frac{E}{1-\mu^2}(3By^2 + \mu Ax)$$

$$\frac{\partial \tau_{xy}}{\partial x} = 0, \quad \frac{\partial \tau_{yx}}{\partial y} = -2GDy$$

若满足平衡微分方程，必须有：

$$\begin{cases} \dfrac{EA}{1-\mu^2}y - 2GDy + f_x = 0 \\[3mm] \dfrac{E}{1-\mu^2}(3By^2 + \mu Ax) + f_y = 0 \end{cases}$$

【分析】用形变分量表示的应力分量，满足了相容方程和平衡微分方程条件，若要求出常数 A、B、C、D 还需应力边界条件。

【例 2-4】图 2-2 所示为一承受均布荷载作用的矩形截面简支梁，不计体力，试检验材料力学解答：

$$\sigma_x = \frac{M(x)y}{J_z}, \quad \tau_{xy} = \frac{Q(x)}{2J_z}\left(\frac{h^2}{4} - y^2\right), \quad \sigma_y = 0$$

是否满足平面问题的平衡条件，并导出 σ_y 的正确表达式。

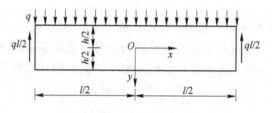

图 2-2 例 2-4 图

【解答】（1）在不计体力时，平衡微分方程是：

$$\begin{cases} \dfrac{\partial \sigma_x}{\partial x} + \dfrac{\partial \tau_{xy}}{\partial y} = 0 \\[2mm] \dfrac{\partial \sigma_y}{\partial y} + \dfrac{\partial \tau_{yx}}{\partial x} = 0 \end{cases}$$

由题所给的应力表达式得：

$$\frac{\partial \sigma_x}{\partial x} = \frac{\partial M(x)}{\partial x}\frac{y}{J_z} = \frac{Q(x)y}{J_z}, \quad \frac{\partial \tau_{xy}}{\partial y} = -\frac{Q(x)y}{J_z}, \quad \frac{\partial \sigma_y}{\partial y} = 0, \quad \frac{\partial \tau_{yx}}{\partial x} = -\frac{q}{2J_z}\left(\frac{h^2}{4} - y^2\right)$$

将以上的结果代入方程式（2-1），得：

$$\frac{Q(x)y}{J_z} - \frac{Q(x)y}{J_z} = 0$$

故 σ_x、τ_{xy} 满足平衡微分方程（2-1）。代入方程式（2-2），不满足，故材料力学的解答不满足全部平衡微分方程。

（2）由式（2-2）求出 σ_y 的表达式，即

$$\sigma_y = -\int_{-h/2}^{y} \frac{\partial \tau_{xy}}{\partial x}\mathrm{d}y = -\frac{\partial Q(x)}{\partial x}\frac{1}{2J_z}\int_{-h/2}^{y}\left(\frac{h^2}{4} - y^2\right)\mathrm{d}y$$

式中，

$$Q(x) = \frac{ql}{2} - qx, \quad J_z = \frac{h^3}{12}$$

所以有：
$$\sigma_y = -\frac{q}{2h^3}(4y^3 - 3h^2y + h^3) = -\frac{q}{2}\left(4\frac{y^3}{h^3} - 3\frac{y}{h} + 1\right)$$

σ_y 沿截面高度方向按三次抛物线规律分布。

【分析】所求应力分量仅是静力可能的应力分量，若为正确解答，还需满足以应力表示的相容方程式 $\nabla^2(\sigma_x + \sigma_y) = -(1 + \mu)\left(\dfrac{\partial X}{\partial Y} + \dfrac{\partial Y}{\partial y}\right)$、$\nabla^2(\sigma_x + \sigma_y) = 0$ 和应力边界条件。

【**例 2-5**】 某悬臂梁的受力如图 2-3 所示。其应力分量表达式为：

$$\begin{cases} \sigma_x = A\left(-\arctan\dfrac{y}{x} - \dfrac{xy}{x^2+y^2} + C\right) \\[3mm] \sigma_y = A\left(-\arctan\dfrac{y}{x} - \dfrac{xy}{x^2+y^2} + B\right) \\[3mm] \tau_{xy} = -A\dfrac{y^2}{x^2+y^2} \end{cases}$$

试根据应力边界条件确定其中的待定常数。

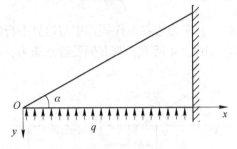

图 2-3 例 2-5 图

【**解答**】（1）在底面，$y=0$，$l=0$，$m=1$ 时，边界条件为：

$$(\sigma_y)_{y=0} = -q$$

即

$$AB = -q \tag{2-5}$$

$(\tau_{xy})_{y=0} = 0$，自然满足。

（2）在斜面：

$$y = -x\tan\alpha, \quad l = -\sin\alpha = -\frac{y}{\sqrt{x^2+y^2}}$$

$$m = -\cos\alpha = -\frac{x}{\sqrt{x^2+y^2}}, \quad \bar{f}_x = 0, \ \bar{f}_y = 0$$

边界条件为：

$$l\sigma_x + m\tau_{xy} = \bar{f}_x, \quad l\tau_{xy} + m\sigma_y = \bar{f}_y$$

即

$$-\sin\alpha A[-\arctan(-\tan\alpha) + \sin\alpha\cos\alpha + C] + \cos\alpha A\sin^2\alpha = 0 \tag{2-6}$$

即

$$\sin\alpha A(-\alpha - \sin\alpha\cos\alpha - C + \sin\alpha\cos\alpha) = 0$$

$$\sin\alpha A\sin^2\alpha - \cos\alpha A[-\arctan(-\tan\alpha) - \sin\alpha\cos\alpha + B] = 0$$

即

$$A[\sin\alpha(\sin^2\alpha + \cos^2\alpha) - \alpha\cos\alpha - B\cos\alpha] = 0 \tag{2-7}$$

由式（2-6）解得：

$$C = -\alpha$$

由式 (2-7) 解得:

$$B = \tan\alpha - \alpha$$

再代入式 (2-5) 可得:

$$A = -\frac{q}{\tan\alpha - \alpha}$$

【分析】方向余弦是斜面外法向方向与坐标轴正向夹角的余弦。

$$l = \cos(90° + \alpha) = -\sin\alpha, \quad m = \cos(180° - \alpha) = -\cos\alpha$$

而对锐角 α, $\sin\alpha = \dfrac{-y}{\sqrt{x^2 + y^2}}$, $\cos\alpha = \dfrac{x}{\sqrt{x^2 + y^2}}$。

在与坐标轴平行的边界上,应力边界条件等式中与边界平行的正应力分量不出现。

【例 2-6】矩形截面水坝如图 2-4 所示,其右侧受静水压力,顶部受集中力作用。试写出水坝的应力边界条件。

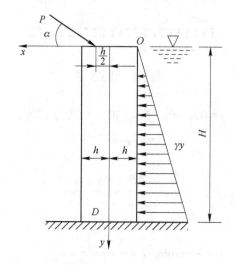

图 2-4   矩形截面水坝

【解答】左侧面:

$$(\sigma_x)_{x=h} = 0, \quad (\tau_{xy})_{x=h} = 0$$

右侧面:

$$(\sigma_x)_{x=-h} = -\gamma y, \quad (\tau_{xy})_{x=-h} = 0$$

上下端面为小部分边界,写出等效边界条件。

上端面的面力向 O 点简化的主矢量主矩为:

$$\bar{f}_x = -P\cos\alpha, \quad \bar{f}_y = P\sin\alpha, \quad \overline{M}_0 = P\frac{3h}{2}\sin\alpha$$

$$\int_{-h}^{h} (\sigma_y)_{y=0}\,\mathrm{d}x = -P\sin\alpha, \quad \int_{-h}^{h} (\sigma_y)_{y=0} x\,\mathrm{d}x = -P\frac{3h}{2}\sin\alpha$$

$$\int_{-h}^{h} (\tau_{xy})_{y=0}\,\mathrm{d}x = P\cos\alpha$$

【例 2-7】 图 2-5 所示为矩形截面悬臂梁，在自由端受有集中力 P 作用，体力不计。试根据材料力学公式，写出 σ_x、τ_{xy} 的表达式，并取挤压应力 $\sigma_y = 0$，这些应力表达式是否就是正确的解答。

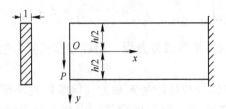

图 2-5　矩形截面悬臂梁

【解答】 （1）由材料力学公式得到：

$$\begin{cases} \sigma_x = \dfrac{M}{I}y = \dfrac{-Px}{I}y \\[2mm] \tau_{xy} = \dfrac{QS}{Ib} = -\dfrac{PS}{I \times 1} = -\dfrac{P}{2I}\left(\dfrac{h^2}{4} - y^2\right) \\[2mm] \sigma_y = 0 \end{cases}$$

（2）将这些应力分量代入平衡微分方程和相容方程得：

$$\frac{\partial \sigma_x}{\partial x} = -\frac{P}{I}y, \quad \frac{\partial \tau_{xy}}{\partial y} = \frac{P}{I}y, \quad \frac{\partial \sigma_y}{\partial y} = 0, \quad \frac{\partial \tau_{xy}}{\partial x} = 0, \quad X = 0, \quad Y = 0$$

代入平衡微分方程 $\begin{cases} \dfrac{\partial \sigma_x}{\partial x} + \dfrac{\partial \tau_{xy}}{\partial y} + X = 0 \\[2mm] \dfrac{\partial \tau_{xy}}{\partial x} + \dfrac{\partial \sigma_y}{\partial y} + Y = 0 \end{cases}$ 满足。

$$\frac{\partial^2 \sigma_x}{\partial x^2} = 0, \quad \frac{\partial^2 \sigma_y}{\partial y^2} = 0$$

代入应力相容方程 $\nabla^2(\sigma_x + \sigma_y) = -(1 + \mu)\left(\dfrac{\partial X}{\partial x} + \dfrac{\partial Y}{\partial y}\right)$、$\nabla^2(\sigma_x + \sigma_y) = 0$ 满足。

（3）检查边界条件。

在 $y = \pm h/2$ 面： $\qquad\qquad \sigma_x = 0, \quad \tau_{xy} = 0$

自然满足。

在 $x = 0$ 面：

$$\int_{-h/2}^{h/2} (\sigma_x)_{x=0}\,\mathrm{d}y = 0$$

$$\int_{-h/2}^{h/2} (\sigma_x)_{x=0}\,y\,\mathrm{d}y = 0$$

$$\int_{-h/2}^{h/2} (\tau_{xy})_{x=0}\,\mathrm{d}y = -P$$

等效满足。

即

$$-\frac{P}{2I}\int_{-h/2}^{h/2}\left(\frac{h^2}{4}-y^2\right)\mathrm{d}y = -\frac{P}{2I}\times 2 \times \frac{h^3}{12} = -P$$

该问题材料力学解答满足平衡微分方程、相容方程和应力边界条件，所以除端部外是正确的解答。

【分析】 端部面力的具体分布规律是未知的，但端部是小部分边界，端部面力向截面形心简化的主矩为零，主矢为 *P*。所以用端部应力积分的等效条件代替逐点满足的边界条件。

【例 2-8】 图 2-6 所示为薄板有一对称的齿形凸块 *ABC*，板条在 *y* 方向受均匀拉力的作用，试证在齿尖 *A* 点处无应力存在。

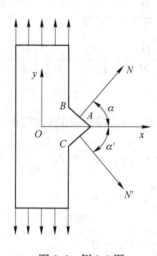

图 2-6 例 2-8 图

【解答】 此薄板处于平面应力状态。齿面 *AB* 与 *AC* 均为自由边界，无面力存在。

设 *AB* 面的外法线方向 *N* 与 *Ox* 轴的夹角为 *α*。将方向余弦 $l=\cos\alpha$，$m=\sin\alpha$ 代入边界条件式 $\begin{cases} \overline{X}=\sigma_x l + \tau_{yx} m \\ \overline{Y}=\tau_{xy} l + \sigma_y m \end{cases}$，得：

$$\begin{cases} \sigma_x\cos\alpha + \tau_{yx}\sin\alpha = 0 \\ \tau_{xy}\cos\alpha + \sigma_y\sin\alpha = 0 \end{cases} \tag{a}$$

设 *AC* 面的外法线方向 *N'* 与 *Ox* 轴的夹角为 *α'*，因 *Ox* 轴为对称轴，有 *α*＝*α'*，所以：

$$l' = \cos\alpha' = \cos\alpha, \quad m' = \cos(90° + \alpha') = -\sin\alpha$$

由式 $\begin{cases} \overline{X}=\sigma_x l + \tau_{yx} m \\ \overline{Y}=\tau_{xy} l + \sigma_y m \end{cases}$ 得：

$$\begin{cases} \sigma_x \cos\alpha - \tau_{yx} \sin\alpha = 0 \\ \tau_{xy} \cos\alpha - \sigma_y \sin\alpha = 0 \end{cases} \quad\quad (b)$$

因 A 点为 AB 面和 AC 面的交点，应同时满足两组边界条件式（2-5）、式（2-6），当 $\alpha \neq 0$ 时，得：

$$\sigma_x = \sigma_y = \tau_{xy} = 0$$

即齿尖 A 点处无应力存在。

【例 2-9】 有一平面受力体如图 2-7 所示，三角形悬臂梁上、下边界分别受均布力 q、p 的作用。试写出其应力边界条件，固定边不必写。

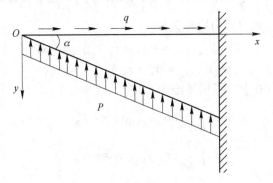

图 2-7　例 2-9 图

【解答】 上边界：

$$(\sigma_y)_{y=0} = 0, \ (\tau_{xy})_{y=0} = -q$$

下边界：

$$l = -\sin\alpha, \ m = \cos\alpha$$

$$(-\sin\alpha\sigma_x + \cos\alpha\tau_{xy})_{y=x\tan\alpha} = 0$$

$$(-\sin\alpha\tau_{xy} + \cos\alpha\sigma_y)_{y=x\tan\alpha} = -p$$

【例 2-10】 试列出图 2-8 所示问题的全部边界条件。在其端部边界上，应用圣维南原理列出三个积分的应力边界条件。

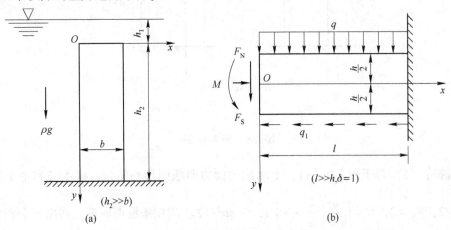

图 2-8　例 2-10 图

【解答】对于图2-8（a），其主要边界为 $x=0$ 及 $x=b$，次要边界为 $y=0$ 及 $y=h_2$。在主要边界上的作用有静水压力 $P=\rho g(h_1+y)$，则有应力边界条件：

$$(\sigma_x)_{x=0}=-\rho g(h_1+y),\quad (\tau_{xy})_{x=0}=0$$
$$(\sigma_x)_{x=b}=-\rho g(h_1+y),\quad (\tau_{xy})_{x=b}=0$$

在次要边界上有静水压力 $P=\rho g h_1$，则有应力边界条件：

$$(\sigma_y)_{y=0}=-\rho g h_1,\quad (\tau_{xy})_{x=b}=0$$

对于图2-8（b），其主要边界条件为 $y=-\dfrac{h}{2}$ 及 $y=\dfrac{h}{2}$，次要边界条件为 $x=0$ 及 $x=l$。

在主要边界条件 $y=-\dfrac{h}{2}$ 上作用有均匀布置的压力 q，在主要边界条件 $y=\dfrac{h}{2}$ 上作用有均匀布置的剪力 $-q_1$，则有应力边界条件：

$$(\sigma_y)_{y=-h/2}=-q,\quad (\tau_{yx})_{y=-h/2}=0$$
$$(\sigma_y)_{y=h/2}=0,\quad (\tau_{yx})_{y=h/2}=-q_1$$

在次要边界条件 $x=0$ 上，根据圣维南原理：

$$\int_{-h/2}^{h/2}(\sigma_x)_{x=0}\,\mathrm{d}y=-F_N$$
$$\int_{-h/2}^{h/2}(\tau_{xy})_{x=0}\,\mathrm{d}y=-F_S$$
$$\int_{-h/2}^{h/2}(\sigma_x)_{x=0}y\,\mathrm{d}y=-M$$

【例2-11】试应用圣维南原理，列出图2-9所示的两个问题中 OA 边的三个积分的应力边界条件，并比较两者的面力是否静力等效。

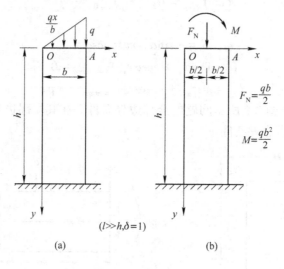

图2-9 例2-11图

【解答】（1）对于图2-9（a），上端面的面力向截面形心简化，得主矢和主矩分别为

$F_N=qb/2$，$F_S=0$，$M=\int_0^b\dfrac{qx}{b}\left(\dfrac{b}{2}-x\right)\mathrm{d}x=-qb^2/12$。应用圣维南原理，列出三个积分的应

力边界条件，当板厚 $\delta=1$ 时，

$$\begin{cases} \int_0^b (\sigma_y)_{y=0}\,\mathrm{d}x = -qb/2 \\ \int_0^b (\sigma_y)_{y=0}\,x\,\mathrm{d}x = qb^2/12 \\ \int_{-b/2}^{b/2} (\tau_{yx})_{y=0}\,\mathrm{d}x = 0 \end{cases}$$

（2）对于图 2-9（b），应用圣维南原理，列出三个积分的应力边界条件，当板厚 $\delta=1$ 时，

$$\begin{cases} \int_0^b (\sigma_y)_{y=0}\,\mathrm{d}x = -qb/2 \\ \int_0^b (\sigma_y)_{y=0}\,x\,\mathrm{d}x = qb^2/12 \\ \int_0^b (\tau_{yx})_{y=0}\,\mathrm{d}x = 0 \end{cases}$$

所以，在小边界 OA 边上，两个问题的三个积分的应力边界条件相同，这两个问题为静力等效的。

【例 2-12】检验下列应力分量是否是图 2-10 所示问题的解答：

（1）图 2-10（a），$\sigma_x = \dfrac{y^2}{b^2}q$，$\sigma_y = \tau_{xy} = 0$；

（2）图 2-10（b），由材料力学公式，$\sigma_x = \dfrac{M}{I}y$，$\tau_{xy} = \dfrac{F_S S}{bI}$（取梁的厚度 $b=1$），得出所示问题的解答：

$$\sigma_x = -2q\frac{x^3 y}{lh^3}, \quad \tau_{xy} = -\frac{3q}{4}\cdot\frac{x^2}{lh^3}(h^2 - 4y^2)$$

又根据平衡微分方程和边界条件得出：

$$\sigma_y = \frac{3q}{2}\cdot\frac{xy}{lh} - 2q\frac{xy^3}{lh^3} - \frac{q}{2}\cdot\frac{x}{l}$$

试导出上述公式，并检验解答的正确性。

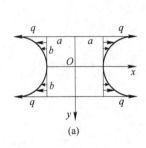
(a)

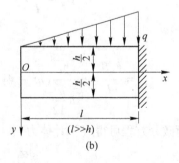
(b)

图 2-10 例 2-12 图

【解答】（1）对于图 2-10（a），需验证该应力分量是否满足平衡微分方程、相容方程、应力边界条件。

1）平衡微分方程：

$$\frac{\partial \sigma_x}{\partial x} + \frac{\partial \tau_{yx}}{\partial y} + f_x = \frac{\partial \left(\dfrac{y^2}{b^2} q \right)}{\partial x} + \frac{\partial 0}{\partial y} = 0，满足$$

$$\frac{\partial \sigma_y}{\partial y} + \frac{\partial \tau_{xy}}{\partial x} + f_y = \frac{\partial 0}{\partial y} + \frac{\partial 0}{\partial x} = 0，满足$$

故应力分量满足平衡微分方程。

2）相容方程：

$$\left(\frac{\partial^2}{\partial x^2} + \frac{\partial^2}{\partial y^2} \right)(\sigma_x + \sigma_y) = \left(\frac{\partial^2}{\partial x^2} + \frac{\partial^2}{\partial y^2} \right)\left(\frac{y^2}{b^2} q + 0 \right) = \frac{2q}{b^2} \neq 0$$

故应力分量不满足相容方程。

3）应力边界条件。

在边界 $x = \pm a$ 上，有：

$$(\sigma_x)_{x = \pm a} = \frac{y^2}{b^2} q，\quad (\tau_{xy})_{x = \pm a} = 0，满足$$

在边界 $y = \pm b$ 上，有：

$$(\sigma_y)_{y = \pm b} = 0，\quad (\tau_{xy})_{y = \pm b} = 0，满足$$

综上所述，该应力分量不满足相容方程，故不是图 2-10（a）问题的解答。

（2）对于图 2-10（b），公式推导如下。

对中性轴的惯性矩为 $I = \dfrac{h^3}{12}$：在线性分布荷载 q 作用下承受的弯矩为 $M = -\dfrac{q}{6l} x^3$，剪力为 $F_S = -\dfrac{qx^2}{2l}$。

由材料力学公式，$\sigma_x = \dfrac{M}{I} y$，$\tau_{xy} = \dfrac{F_S S}{bI}$，可得：

$$\sigma_x = \frac{M}{I} y = -\frac{\dfrac{q}{6l} x^3}{\dfrac{h^3}{12}} y = -\frac{2qx^3 y}{lh^3}$$

$$\tau_{xy} = \frac{F_S S}{bI} = -\frac{\dfrac{qx^2}{2l}}{b \dfrac{h^3}{12}} (h^2 - 4y^2) \frac{b}{8} = -\frac{3q}{4} \times \frac{x^2}{lh^3} (h^2 - 4y^2)$$

根据平衡微分方程可得（不计体力）：

$$\frac{\partial \sigma_y}{\partial y} + \frac{\partial \tau_{xy}}{\partial x} = 0$$

即

$$\frac{\partial \sigma_y}{\partial y} - \frac{\partial \left[\frac{3q}{4} \frac{x^2}{lh^3}(h^2 - 4y^2) \right]}{\partial x} = 0$$

解得：

$$\sigma_y = \frac{3qxy}{2lh} - \frac{2qxy^3}{lh^3} + C$$

根据边界条件 $(\sigma_y)_{y=h/2} = 0$，可得：

$$C = -\frac{qx}{2l}$$

则有：

$$\sigma_y = \frac{3q}{2} \frac{xy}{lh} - 2q \frac{xy^3}{lh^3} - \frac{q}{2} \times \frac{x}{l}$$

检验：1）平衡微分方程：

$$\frac{\partial \sigma_x}{\partial x} + \frac{\partial \tau_{yx}}{\partial y} + f_x = \frac{\partial \left(-\frac{2qx^3 y}{lh^3} \right)}{\partial x} + \frac{\partial \left[-\frac{3q}{4} \frac{x^2}{lh^3}(h^2 - 4y^2) \right]}{\partial y} = 0，满足$$

y 方向平衡微分方程因用于求解应力分量 σ_y，故无需验证即可满足。

2）相容方程：

$$\left(\frac{\partial^2}{\partial x^2} + \frac{\partial^2}{\partial y^2} \right)(\sigma_x + \sigma_y)$$

$$= \left(\frac{\partial^2}{\partial x^2} + \frac{\partial^2}{\partial y^2} \right) \left(-\frac{2qx^3 y}{lh^3} + \frac{3q}{2} \frac{xy}{lh} - 2q \frac{xy^3}{lh^3} - \frac{q}{2} \frac{x}{l} \right)$$

$$= -\frac{24qxy}{lh^3} \neq 0$$

故不满足相容方程。

至此，已经无需验证应力边界条件是否满足，因无法满足相容方程，故该应力分量不是图 2-10（b）的精确解答。

【例 2-13】写出图 2-11 所示楔形体的应力边界条件，液体容重为 γ。

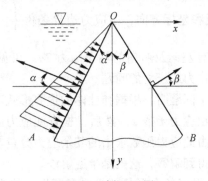

图 2-11 例 2-13 图

【解答】在 OB 边界上：

$$l = \cos\beta, \quad m = \cos(90° + \beta) = -\sin\beta$$

$$\bar{X} = 0, \quad \bar{Y} = 0$$

$$\sigma_x \cos\beta - \tau_{xy}\sin\beta = 0, \quad \tau_{xy}\cos\beta - \sigma_x\sin\beta = 0$$

在 OA 边界上：

$$l = \cos(180° - \alpha) = -\cos\alpha$$

$$m = \cos(90° + \alpha) = -\sin\alpha$$

$$\bar{X} = \gamma y\cos\alpha$$

$$\bar{Y} = \gamma y\sin\alpha$$

$$-\sigma_x\cos\alpha - \tau_{xy}\sin\alpha = \gamma y\cos\alpha$$

$$-\tau_{xy}\cos\alpha - \sigma_x\sin\alpha = \gamma y\sin\alpha$$

【例 2-14】 图 2-12 所示矩形薄板，长为 l，高为 h，厚度为一个单位。如不计体力，试验证应力函数 $\varphi = ay^2$（a 为常数） 能解决此矩形板何种问题。

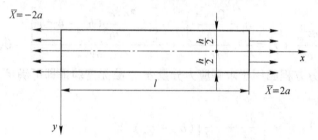

图 2-12   例 2-14 图

【解答】 应力函数 $\varphi = ay^2$ 总能满足相容方程 $\dfrac{\partial^4\varphi}{\partial x^4} + 2\dfrac{\partial^4\varphi}{\partial x^2\partial y^2} + \dfrac{\partial^4\varphi}{\partial y^4} = 0$。

将 φ 代入式 $\sigma_x = \dfrac{\partial^2\varphi}{\partial y^2}$，$\sigma_y = \dfrac{\partial^2\varphi}{\partial x^2}$，$\tau_{xy} = -\dfrac{\partial^2\varphi}{\partial x\partial y}$ 可得：

$$\sigma_x = \frac{\partial^2\varphi}{\partial y^2} = 2a, \quad \sigma_y = \frac{\partial^2\varphi}{\partial x^2} = 0, \quad \tau_{xy} = -\frac{\partial^2\varphi}{\partial x\partial y} = 0$$

对于图 2-12 所示矩形板和坐标方向，由应力边界条件 $\begin{cases} \bar{X} = \sigma_x l + \tau_{yx}m \\ \bar{Y} = \tau_{xy}l + \sigma_y m \end{cases}$ 可知，上下两边无面力，左右两面分别受有左向及右向的均布面力 $2a$。可见，应力函数 $\varphi = ay^2$ 能解决图示矩形板在 x 方向受均匀拉力或压力的问题。

如在求解弹性力学的一个问题时，根据弹性体的边界形式和受力情况，先假设一部分应力分量的形式，从而推导出应力函数 φ。然后，检查此应力函数能否满足相容方程，以及原来所假设的应力分量和由此应力函数求出的其余应力分量能否满足边界条件。如能满足所有的条件，则此问题就得到解答，这就是半逆解法。

【例 2-15】 图 2-13 所示设有任意形状的等厚度薄板，体力可以不计，在全部边界上（包括孔口边界上）受有均匀压力 q，试证明 $\sigma_x = \sigma_y = -q$，$\tau_{xy} = 0$ 就是该问题的正确解答。

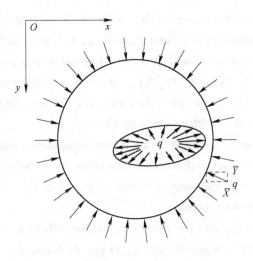

图2-13 例2-15图

【**解答**】正确的解答要同时满足平衡微分方程、相容方程、应力边界条件和位移单值条件。

（1）将应力分量代入平衡微分方程，满足；

（2）将应力分量代入相容方程，满足；

（3）将应力分量代入应力边界条件：

$$\overline{X} = -ql, \quad \overline{Y} = -qm$$

$$l(-q) + m \times 0 = \overline{X} = -ql$$

$$l \times 0 + m(-q) = \overline{Y} = -mq$$

均满足。

（4）检验位移单值条件：

$$\frac{\partial u}{\partial x} = \varepsilon_x = \frac{-q}{E}(1 - \mu) \rightarrow u = \frac{q}{E}(\mu - 1)x + f_1(y)$$

$$\frac{\partial v}{\partial y} = \varepsilon_y = \frac{-q}{E}(1 - \mu) \rightarrow v = \frac{q}{E}(\mu - 1)y + f_2(x)$$

$$\frac{\partial v}{\partial x} + \frac{\partial u}{\partial y} = \gamma_{xy} = \frac{\tau_{xy}}{G} = 0 \rightarrow \frac{\mathrm{d}f_2(x)}{\mathrm{d}x} + \frac{\mathrm{d}f_1(y)}{\mathrm{d}y} = 0 \rightarrow \frac{\mathrm{d}f_2(x)}{\mathrm{d}x} = -\frac{\mathrm{d}f_1(y)}{\mathrm{d}y} = \omega$$

所以：

$$f_1(y) = -\omega y + u_0, \quad f_2(x) = \omega x + v_0$$

所以 $u = \frac{q}{E}(\mu - 1)x - \omega y + u_0$，$v = \frac{q}{E}(\mu - 1)y + \omega x + v_0$ 都是坐标的单值函数，所给应力分量也满足位移单值条件。

【**Example 2-1**】If in a problem, $\sigma_z = \tau_{zx} = \tau_{zy} = 0$, there are only plane stress components σ_x, σ_y, τ_{xy}, and they do not change in the z direction, but are only functions of x, y, try to consider whether this problem is a plane stress problem.

【**Answer**】 The plane stress problem is the elastic mechanics problem of the external force acting on the object, the constraint is uniform along the z, and only has the plane stress component $(\sigma_x,\ \sigma_y,\ \tau_{xy})$ and is only a function of x, y, so this problem is a plane stress problem.

【**Example 2-2**】 If in a problem, $\varepsilon_z = \gamma_{zx} = \gamma_{zy} = 0$, there are only plane strain components ε_x, ε_y, γ_{xy}, and they do not change in the z direction, but are only functions of x and y, try to consider whether this problem is a plane strain problem?

【**Answer**】 The plane strain problem is an elastic mechanics problem in which the cross-sectional shape, body force, surface force and constraints of the object remain unchanged along the z direction, and only the plane strain component $(\varepsilon_x \, \varepsilon_y \, \gamma_{xy})$ is only a function of x and y, so this problem is plane strain problem.

【**Example 2-3**】 It is known that the thin plate has the following deformation relations: $\varepsilon_x = Axy$, $\varepsilon_y = By^3$, $\gamma_{xy} = C - Dy^2$, where A, B, C, D are all constants, try to check whether the continuous conditions are met during the deformation process, and if so, list stress component expressions.

【**Answer**】 (1) Compatibility conditions. Substitute the deformation components into the deformation coordination equation (consistency equation):

$$\frac{\partial^2 \varepsilon_x}{\partial y^2} + \frac{\partial^2 \varepsilon_y}{\partial x^2} = \frac{\partial^2 \gamma_{xy}}{\partial x \partial y}$$

In

$$\frac{\partial^2 \varepsilon_x}{\partial y^2} = 0, \quad \frac{\partial^2 \varepsilon_y}{\partial x^2} = 0, \quad \frac{\partial^2 \gamma_{xy}}{\partial x \partial y} = 0$$

Therefore, the compatibility equation is satisfied and the continuity condition is satisfied.

(2) In the plane stress problem, the stress component represented by the deformation component is:

$$\sigma_x = \frac{E}{1-\mu^2}(\varepsilon_x + \mu \varepsilon_y) = \frac{E}{1-\mu^2}(Axy + \mu By^3)$$

$$\sigma_y = \frac{E}{1-\mu^2}(\varepsilon_y + \mu \varepsilon_x) = \frac{E}{1-\mu^2}(\mu Axy + By^3)$$

$$\tau_{xy} = G\gamma_{xy} = G(C - Dy^2)$$

(3) Balanced differential equation:

$$\begin{cases} \dfrac{\partial \sigma_x}{\partial x} + \dfrac{\partial \tau_{yx}}{\partial y} + f_x = 0 \\ \dfrac{\partial \sigma_y}{\partial y} + \dfrac{\partial \tau_{xy}}{\partial x} + f_y = 0 \end{cases}$$

In

$$\frac{\partial \sigma_x}{\partial x} = \frac{EA}{1 - \mu^2} y, \quad \frac{\partial \sigma_y}{\partial y} = \frac{E}{1 - \mu^2}(3By^2 + \mu Ax)$$

$$\frac{\partial \tau_{xy}}{\partial x} = 0, \quad \frac{\partial \tau_{yx}}{\partial y} = -2GDy$$

If the equilibrium differential equation is satisfied, there must be:

$$\begin{cases} \dfrac{EA}{1 - \mu^2} y - 2GDy + f_x = 0 \\ \dfrac{E}{1 - \mu^2}(3By^2 + \mu Ax) + f_y = 0 \end{cases}$$

【Analysis】 The stress component represented by the deformation component satisfies the conditions of the compatibility equation and the equilibrium differential equation. If the constants A, B, C, and D are required, the stress boundary conditions are also required.

【Example 2-4】 Figure 2-2 shows a simply supported beam with a rectangular cross-section subjected to uniformly distributed loads, ignoring physical force, try to check the mechanical solution of materials:

$$\sigma_x = \frac{M(x)y}{J_z}, \quad \tau_{xy} = \frac{Q(x)}{2J_z}\left(\frac{h^2}{4} - y^2\right), \quad \sigma_y = 0$$

is the equilibrium condition of the plane problem satisfied? and derive the correct expression for σ_y.

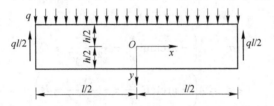

Figure 2-2   Example 2-4

【Answer】 (1) When ignoring physical force, the equilibrium differential equation is:

$$\begin{cases} \dfrac{\partial \sigma_x}{\partial x} + \dfrac{\partial \tau_{xy}}{\partial y} = 0 \\ \dfrac{\partial \sigma_y}{\partial y} + \dfrac{\partial \tau_{yx}}{\partial x} = 0 \end{cases}$$

From the stress expression given in the question, we get:

$$\frac{\partial \sigma_x}{\partial x} = \frac{\partial M(x)}{\partial x}\frac{y}{J_z} = \frac{Q(x)y}{J_z}, \quad \frac{\partial \tau_{xy}}{\partial y} = -\frac{Q(x)y}{J_z}, \quad \frac{\partial \sigma_y}{\partial y} = 0, \quad \frac{\partial \tau_{yx}}{\partial x} = -\frac{q}{2J_z}\left(\frac{h^2}{4} - y^2\right)$$

Substituting the above results into equation (2-1), we get:

$$\frac{Q(x)y}{J_z} - \frac{Q(x)y}{J_z} = 0$$

So σ_x and τ_{xy} satisfy the equilibrium differential equation (2-1). Substitute into equation (2-2), it is not satisfied, so the solution of mechanics of materials does not satisfy all equilibrium differential equations.

(2) The expression obtained from equation (2-2) is:

$$\sigma_y = -\int_{-h/2}^{y} \frac{\partial \tau_{xy}}{\partial x} dy = -\frac{\partial Q(x)}{\partial x} \frac{1}{2J_z} \int_{-h/2}^{y} \left(\frac{h^2}{4} - y^2\right) dy$$

In

$$Q(x) = \frac{ql}{2} - qx, \quad J_z = \frac{h^3}{12}$$

So have:

$$\sigma_y = -\frac{q}{2h^3}(4y^3 - 3h^2y + h^3) = -\frac{q}{2}\left(4\frac{y^3}{h^3} - 3\frac{y}{h} + 1\right)$$

σ_y is distributed according to the cubic parabolic law along the section height direction.

【Analysis】The required stress components are only the possible stress components of the static force. If the solution is to be correct, the compatible equations $\nabla^2(\sigma_x + \sigma_y) = -(1 + \mu)\left(\frac{\partial X}{\partial Y} + \frac{\partial Y}{\partial y}\right)$ and $\nabla^2(\sigma_x + \sigma_y) = 0$ expressed in terms of stress and the stress boundary conditions must also be satisfied.

【Example 2-5】The force of a cantilever beam is shown in Figure 2-3. Its stress component is expressed as

$$\begin{cases} \sigma_x = A\left(-\arctan\frac{y}{x} - \frac{xy}{x^2 + y^2} + C\right) \\ \sigma_y = A\left(-\arctan\frac{y}{x} - \frac{xy}{x^2 + y^2} + B\right) \\ \tau_{xy} = -A\frac{y^2}{x^2 + y^2} \end{cases}$$

Try to determine the undetermined constants according to the stress boundary conditions.

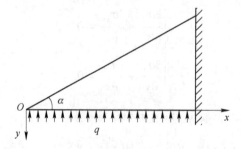

Figure 2-3　Example 2-5

【Answer】（1）On the bottom surface, when $y=0$, $l=0$, $m=1$ the boundary conditions are

$$(\sigma_y)_{y=0} = -q$$

which is

$$AB = -q \tag{2-5}$$

$(\tau_{xy})_{y=0} = 0$, natural satisfaction.

（2）On the slope

$$y = -x\tan\alpha, \quad l = -\sin\alpha = -\frac{y}{\sqrt{x^2+y^2}}$$

$$m = -\cos\alpha = -\frac{x}{\sqrt{x^2+y^2}}, \quad \bar{f}_x = 0, \quad \bar{f}_y = 0$$

The boundary conditions are

$$l\sigma_x + m\tau_{xy} = \bar{f}_x, \quad l\tau_{xy} + m\sigma_y = \bar{f}_y$$

which is

$$-\sin\alpha A[-\arctan(-\tan\alpha) + \sin\alpha\cos\alpha + C] + \cos\alpha A\sin^2\alpha = 0 \tag{2-6}$$

which is

$$\sin\alpha A(-\alpha - \sin\alpha\cos\alpha - C + \sin\alpha\cos\alpha) = 0$$

$$\sin\alpha A\sin^2\alpha - \cos\alpha A[-\arctan(-\tan\alpha) - \sin\alpha\cos\alpha + B] = 0$$

which is

$$A[\sin\alpha(\sin^2\alpha + \cos^2\alpha) - \alpha\cos\alpha - B\cos\alpha] = 0 \tag{2-7}$$

It can be solved by formula（2-6）

$$C = -\alpha$$

It can be solved by formula（2-7）

$$B = \tan\alpha - \alpha$$

Substitute into formula（2-5）again to get

$$A = -\frac{q}{\tan\alpha - \alpha}$$

【Analysis】 The direction cosine is the cosine of the angle between the normal direction outside the inclined plane and the positive direction of the coordinate axis.

$$l = \cos(90° + \alpha) = -\sin\alpha, \quad m = \cos(180° - \alpha) = -\cos\alpha$$

For an acute angle α, $\sin\alpha = \dfrac{-y}{\sqrt{x^2+y^2}}$, $\cos\alpha = \dfrac{x}{\sqrt{x^2+y^2}}$.

On the boundary parallel to the coordinate axis, the normal stress component parallel to the boundary in the stress boundary condition equation does not appear.

【Example 2-6】 For a dam with a cross section, as shown in Figure 2-4, the right side is subjected to hydrostatic pressure, and the top is subjected to concentrated force. Write down the stress boundary conditions for the dam.

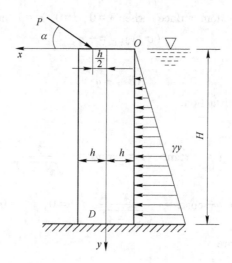

Figure 2-4   A dam with a cross section

【**Answer**】Left side:

$$(\sigma_x)_{x=h} = 0, \quad (\tau_{xy})_{x=h} = 0$$

Right side:

$$(\sigma_x)_{x=-h} = -\gamma y, \quad (\tau_{xy})_{x=-h} = 0$$

The upper and lower end faces are a small part of the boundary, and the equivalent boundary conditions are written:

The principal moment of the simplified principal vector of the surface force on the upper end face towards point O is:

$$\bar{f}_x = -P\cos\alpha, \quad \bar{f}_y = P\sin\alpha, \quad \overline{M}_0 = P\frac{3h}{2}\sin\alpha$$

$$\int_{-h}^{h}(\sigma_y)_{y=0}dx = -P\sin\alpha, \quad \int_{-h}^{h}(\sigma_y)_{y=0}xdx = -P\frac{3h}{2}\sin\alpha$$

$$\int_{-h}^{h}(\tau_{xy})_{y=0}dx = P\cos\alpha$$

【**Example 2-7**】Figure 2-5 shows a cantilever beam with a rectangular cross-section, which is subjected to a concentrated force P at the free end, ignoring the physical force. According to the material mechanics formula, write out the expressions of σ_x and τ_{xy}, and take the extrusion stress $\sigma_y = 0$. Are these stress expressions the correct solution?

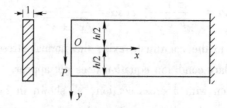

Figure 2-5   A cantilever beam with a rectangular cross section

【Answer】 (1) Obtained from the material mechanics formula：

$$\begin{cases} \sigma_x = \dfrac{M}{I}y = \dfrac{-Px}{I}y \\[3mm] \tau_{xy} = \dfrac{QS}{Ib} = -\dfrac{PS}{I \times 1} = -\dfrac{P}{2I}\left(\dfrac{h^2}{4} - y^2\right) \\[3mm] \sigma_y = 0 \end{cases}$$

(2) Substitute these stress components into the equilibrium differential equation and the compatibility equation to get：

$$\frac{\partial \sigma_x}{\partial x} = -\frac{P}{I}y, \quad \frac{\partial \tau_{xy}}{\partial y} = \frac{P}{I}y, \quad \frac{\partial \sigma_y}{\partial y} = 0, \quad \frac{\partial \tau_{xy}}{\partial x} = 0, \quad X = 0, \quad Y = 0$$

Substitute into the equilibrium differential equation $\begin{cases} \dfrac{\partial \sigma_x}{\partial x} + \dfrac{\partial \tau_{xy}}{\partial y} + X = 0 \\[3mm] \dfrac{\partial \tau_{xy}}{\partial x} + \dfrac{\partial \sigma_y}{\partial y} + Y = 0 \end{cases}$ to satisfy.

$$\frac{\partial^2 \sigma_x}{\partial x^2} = 0, \quad \frac{\partial^2 \sigma_y}{\partial y^2} = 0$$

Substitute into the stress compatibility equation $\nabla^2(\sigma_x + \sigma_y) = -(1 + \mu)\left(\dfrac{\partial X}{\partial x} + \dfrac{\partial Y}{\partial y}\right)$、 $\nabla^2(\sigma_x + \sigma_y) = 0$ satisfy.

(3) Check the boundary conditions.

On the $y = \pm h/2$ side：

$$\sigma_x = 0, \quad \tau_{xy} = 0$$

Naturally satisfied.

On the $x = 0$ side：

$$\int_{-h/2}^{h/2} (\sigma_x)_{x=0}\,dy = 0$$

$$\int_{-h/2}^{h/2} (\sigma_x)_{x=0}\,y\,dy = 0$$

$$\int_{-h/2}^{h/2} (\tau_{xy})_{x=0}\,dy = -P$$

Equivalently satisfied.

Which is：

$$-\frac{P}{2I}\int_{-h/2}^{h/2}\left(\frac{h^2}{4} - y^2\right)dy = -\frac{P}{2I} \times 2 \times \frac{h^3}{12} = -P$$

The material mechanics solution to this problem satisfies the equilibrium differential equation, the compatibility equation, and the stress boundary conditions, so it is the correct solution except for the ends.

【Analysis】 The specific distribution law of the end surface force is unknown, but the end is a small part of the boundary, the principal moment of the end surface force simplified to the section centroid is zero, and the principal vector is **P**. Therefore, the boundary conditions satisfied point by point are replaced by the equivalent conditions of the end stress integral.

【**Example 2-8**】 Figure 2-6 shows that the thin plate has a symmetrical tooth-shaped bump *ABC*, and the strip is subjected to uniform tension in the *y*-direction, and it is tested that there is no stress at point *A* of the tooth tip.

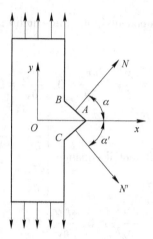

Figure 2-6   Example 2-8

【**Answer**】 This sheet is in a state of plane stress. The tooth surfaces *AB* and *AC* are free boundaries, and there is no surface force.

Let the angle between the outer normal direction *N* of the *AB* plane and the *Ox* axis be α. Set the direction cosine $l = \cos\alpha$, $m = \sin\alpha$.

Substitute into the boundary condition formula $\begin{cases} \overline{X} = \sigma_x l + \tau_{yx} m \\ \overline{Y} = \tau_{xy} l + \sigma_y m \end{cases}$, we get

$$\begin{cases} \sigma_x \cos\alpha + \tau_{yx}\sin\alpha = 0 \\ \tau_{xy}\cos\alpha + \sigma_y\sin\alpha = 0 \end{cases} \tag{a}$$

Let the angle between the outer normal direction *N'* of the *AC* surface and the *Ox* axis be α', because the *Ox* axis is the axis of symmetry, there is $\alpha = \alpha'$, so

$$l' = \cos\alpha' = \cos\alpha, \quad m' = \cos(90° + \alpha') = -\sin\alpha$$

from formula $\begin{cases} \overline{X} = \sigma_x l + \tau_{yx} m \\ \overline{Y} = \tau_{xy} l + \sigma_y m \end{cases}$

$$\begin{cases} \sigma_x \cos\alpha - \tau_{yx}\sin\alpha = 0 \\ \tau_{xy}\cos\alpha - \sigma_y\sin\alpha = 0 \end{cases} \tag{b}$$

Since point *A* is the intersection of *AB* and *AC*, two sets of boundary conditions (2-5) and (2-6) should be satisfied at the same time. When $\alpha \neq 0$ is

$$\sigma_x = \sigma_y = \tau_{xy} = 0$$

That is, there is no stress at point A of the tooth tip.

【**Example 2-9**】There is a plane force-bearing body as shown in Figure 2-7. The upper and lower boundaries of the triangular cantilever beam are subjected to uniform forces q and p, respectively. Try to write the stress boundary conditions, not the fixed edge.

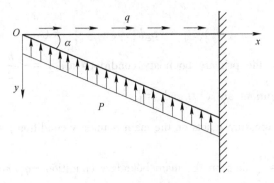

Figure 2-7　Example 2-9

【**Answer**】Upper boundary:

$$(\sigma_y)_{y=0} = 0, \quad (\tau_{xy})_{y=0} = -q$$

Lower boundary:

$$l = -\sin\alpha, \quad m = \cos\alpha$$
$$(-\sin\alpha\sigma_x + \cos\alpha\tau_{xy})_{y=x\tan\alpha} = 0$$
$$(-\sin\alpha\tau_{xy} + \cos\alpha\sigma_y)_{y=x\tan\alpha} = -p$$

【**Example 2-10**】List all the boundary conditions for the problem shown in Figure 2-8. On its end boundaries, three integral stress boundary conditions are listed applying Saint-Venant's principle.

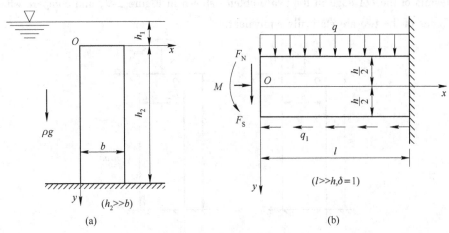

(a)　　　　　　　　　　(b)

Figure 2-8　Example 2-10

【**Answer**】For Figure 2-8 (a), the main boundaries are $x=0$ and $x=b$, and the secondary boundaries are $y=0$ and $y=h_2$. The action on the main boundary is the hydrostatic pressure $P =$

$\rho g(h_1 + y)$, then there is the stress boundary condition:

$$(\sigma_x)_{x=0} = -\rho g(h_1 + y), \quad (\tau_{xy})_{x=0} = 0$$
$$(\sigma_x)_{x=b} = -\rho g(h_1 + y), \quad (\tau_{xy})_{x=b} = 0$$

With hydrostatic pressure $P = \rho g h_1$ on the secondary boundary, there is a stress boundary condition:

$$(\sigma_y)_{y=0} = -\rho g h_1, \quad (\tau_{xy})_{x=b} = 0$$

For Figure 2-8 (b), the primary boundary conditions are $y = -\dfrac{h}{2}$ and $y = \dfrac{h}{2}$, and the secondary boundary conditions are $x = 0$ and $x = l$.

A uniformly arranged pressure q acts on the main boundary condition $y = -\dfrac{h}{2}$, and a uniformly arranged shear force $y = \dfrac{h}{2}$ acts on the main boundary condition $-q_1$. For the stressed boundary conditions:

$$(\sigma_y)_{y=-h/2} = -q, \quad (\tau_{yx})_{y=-h/2} = 0$$
$$(\sigma_y)_{y=h/2} = 0, \quad (\tau_{yx})_{y=h/2} = -q_1$$

On the secondary boundary condition $x = 0$, according to Saint-Venant's principle:

$$\int_{-h/2}^{h/2} (\sigma_x)_{x=0}\,dy = -F_N$$
$$\int_{-h/2}^{h/2} (\tau_{xy})_{x=0}\,dy = -F_S$$
$$\int_{-h/2}^{h/2} (\sigma_x)_{x=0}\,y\,dy = -M$$

【**Example 2-11**】 Using Saint-Venant's principle, list the stress boundary conditions for the three integrals of the OA edge in the two problems shown in Figure 2-9, and compare whether the surface forces of the two are statically equivalent.

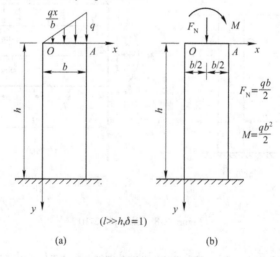

Figure 2-9 Example 2-11

【Answer】 (1) For Figure 2-9 (a), the surface force on the upper end face is simplified to the centroid of the section, and the principal vector and principal moment are $F_N = qb/2$, $F_S = 0$, and $M = \int_0^b \frac{qx}{b}\left(\frac{b}{2} - x\right)dx = -qb^2/12$, respectively. Applying Saint-Venant's principle, list the stress boundary conditions for the three integrals, when the plate thickness $\delta = 1$,

$$\begin{cases} \int_0^b (\sigma_y)_{y=0}dx = -qb/2 \\\\ \int_0^b (\sigma_y)_{y=0}xdx = qb^2/12 \\\\ \int_{-b/2}^{b/2} (\tau_{yx})_{y=0}dx = 0 \end{cases}$$

(2) For Figure 2-9 (b), applying Saint-Venant's principle, list the stress boundary conditions for the three integrals. When the plate thickness is $\delta = 1$,

$$\begin{cases} \int_0^b (\sigma_y)_{y=0}dx = -qb/2 \\\\ \int_0^b (\sigma_y)_{y=0}xdx = qb^2/12 \\\\ \int_0^b (\tau_{yx})_{y=0}dx = 0 \end{cases}$$

Therefore, on the edge of the small boundary OA, the stress boundary conditions of the three integrals of the two problems are the same, and the two problems are energetically equivalent.

【Example 2-12】 Test whether the following stress components are solutions to the problems shown in Figure 2-10:

(1) Figure 2-10 (a), $\sigma_x = \frac{y^2}{b^2}q$, $\sigma_y = \tau_{xy} = 0$;

(2) Figure 2-10 (b), from the material mechanics formula, $\sigma_x = \frac{M}{I}y$, $\tau_{xy} = \frac{F_S S}{bI}$ (take the thickness of the beam $b=1$), the answer to the problem shown:

$$\sigma_x = -2q\frac{x^3 y}{lh^3}, \quad \tau_{xy} = -\frac{3q}{4} \cdot \frac{x^2}{lh^3}(h^2 - 4y^2)$$

According to the equilibrium differential equation and boundary conditions,

$$\sigma_y = \frac{3q}{2} \cdot \frac{xy}{lh} - 2q\frac{xy^3}{lh^3} - \frac{q}{2} \cdot \frac{x}{l}$$

Try to derive the above formula and check the correctness of the solution.

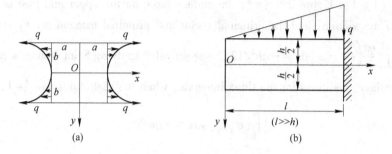

Figure 2-10   Example 2-12

【Answer】 (1) For Figure 2-10 (a), it is necessary to verify whether the stress component satisfies the equilibrium differential equation, compatibility equation, and stress boundary conditions.

1) Balance differential equation:

$$\frac{\partial \sigma_x}{\partial x} + \frac{\partial \tau_{yx}}{\partial y} + f_x = \frac{\partial \left(\frac{y^2}{b^2}q\right)}{\partial x} + \frac{\partial 0}{\partial y} = 0, \text{ satisfied}$$

$$\frac{\partial \sigma_y}{\partial y} + \frac{\partial \tau_{xy}}{\partial x} + f_y = \frac{\partial 0}{\partial y} + \frac{\partial 0}{\partial x} = 0, \text{ satisfied}$$

Therefore, the stress components satisfy the equilibrium differential equation.

2) Compatibility equation:

$$\left(\frac{\partial^2}{\partial x^2} + \frac{\partial^2}{\partial y^2}\right)(\sigma_x + \sigma_y) = \left(\frac{\partial^2}{\partial x^2} + \frac{\partial^2}{\partial y^2}\right)\left(\frac{y^2}{b^2}q + 0\right) = \frac{2q}{b^2} \neq 0$$

Therefore, the stress components do not satisfy the compatibility equation.

3) Stress boundary conditions.

On the boundary $x = \pm a$, we have

$$(\sigma_x)_{x = \pm a} = \frac{y^2}{b^2}q, \quad (\tau_{xy})_{x = \pm a} = 0, \text{ satisfied}$$

On the boundary $y = \pm b$, we have

$$(\sigma_y)_{y = \pm b} = 0, \quad (\tau_{xy})_{y = \pm b} = 0, \text{ satisfied}$$

To sum up, this stress component does not satisfy the compatibility equation, so it is not the solution to the problem in Figure 2-10 (a).

(2) For Figure 2-10 (b), the formula is derived as follows:

The inertia about the neutral axis is short $I = \frac{h^3}{12}$: the bending moment under the action of the linearly distributed load q is $M = -\frac{q}{6l}x^3$, shear force $F_S = -\frac{qx^2}{2l}$.

From the material mechanics formula, $\sigma_x = \frac{M}{I}y$, $\tau_{xy} = \frac{F_S S}{bI}$, we can get

$$\sigma_x = \frac{M}{I}y = -\frac{\frac{q}{6l}x^3}{\frac{h^3}{12}}y = -\frac{2qx^3y}{lh^3}$$

$$\tau_{xy} = \frac{F_S S}{bI} = -\frac{\frac{qx^2}{2l}}{b\frac{h^3}{12}}(h^2 - 4y^2)\frac{b}{8} = -\frac{3q}{4}\frac{x^2}{lh^3}(h^2 - 4y^2)$$

According to the balance differential equation, it can be obtained (excluding physical force):

$$\frac{\partial \sigma_y}{\partial y} + \frac{\partial \tau_{xy}}{\partial x} = 0$$

which is

$$\frac{\partial \sigma_y}{\partial y} - \frac{\partial \left[\frac{3q}{4}\frac{x^2}{lh^3}(h^2 - 4y^2)\right]}{\partial x} = 0$$

Solutions have to

$$\sigma_y = \frac{3qxy}{2lh} - \frac{2qxy^3}{lh^3} + C$$

According to the boundary condition $(\sigma_y)_{y=h/2} = 0$, we can get

$$C = -\frac{qx}{2l}$$

then there are

$$\sigma_y = \frac{3q}{2}\frac{xy}{lh} - 2q\frac{xy^3}{lh^3} - \frac{q}{2}\frac{x}{l}$$

Test: 1) Balanced differential equation:

$$\frac{\partial \sigma_x}{\partial x} + \frac{\partial \tau_{yx}}{\partial y} + f_x = \frac{\partial \left(-\frac{2qx^3y}{lh^3}\right)}{\partial x} + \frac{\partial \left[-\frac{3q}{4}\frac{x^2}{lh^3}(h^2 - 4y^2)\right]}{\partial y} = 0, \text{ satisfied}$$

Since the y-direction equilibrium differential equation is used to solve the stress component σ_y, it can be satisfied without verification.

2) Compatibility equation:

$$\left(\frac{\partial^2}{\partial x^2} + \frac{\partial^2}{\partial y^2}\right)(\sigma_x + \sigma_y)$$

$$= \left(\frac{\partial^2}{\partial x^2} + \frac{\partial^2}{\partial y^2}\right)\left(-\frac{2qx^3y}{lh^3} + \frac{3q}{2}\frac{xy}{lh} - 2q\frac{xy^3}{lh^3} - \frac{q}{2}\frac{x}{l}\right)$$

$$= -\frac{24qxy}{lh^3} \neq 0$$

Therefore, the compatibility equation is not satisfied.

So far, there is no need to verify whether the stress boundary conditions are satisfied, because the compatibility equation cannot be satisfied, so the stress component is not the exact solution of Figure 2-10 (b) .

【**Example 2-13**】 Write the stress boundary conditions for the wedge-shaped body shown in Figure 2-11. The liquid bulk density is γ.

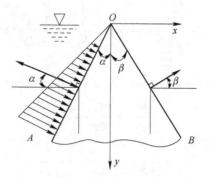

Figure 2-11　Example 2-13

【**Answer**】 On the OB boundary:

$$l = \cos\beta, \quad m = \cos(90° + \beta) = -\sin\beta$$

$$\overline{X} = 0, \quad \overline{Y} = 0$$

$$\sigma_x \cos\beta - \tau_{xy}\sin\beta = 0, \quad \tau_{xy}\cos\beta - \sigma_x\sin\beta = 0$$

On the OA boundary:

$$l = \cos(180° - \alpha) = -\cos\alpha$$

$$m = \cos(90° + \alpha) = -\sin\alpha$$

$$\overline{X} = \gamma y \cos\alpha$$

$$\overline{Y} = \gamma y \sin\alpha$$

$$-\sigma_x\cos\alpha - \tau_{xy}\sin\alpha = \gamma y\cos\alpha$$

$$-\tau_{xy}\cos\alpha - \sigma_x\sin\alpha = \gamma y\sin\alpha$$

【**Example 2-14**】 The rectangular sheet shown in Figure 2-12 has a length of l, a height of h, and a thickness of one unit. If the physical force is not considered, what kind of problem can the test prove that the stress function $\varphi = ay^2$ (a is a constant) can solve this rectangular plate.

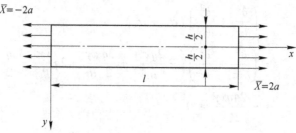

Figure 2-12　Example 2-14

【Answer】 The stress function $\varphi = ay^2$ always satisfies the compatibility equation $\dfrac{\partial^4 \varphi}{\partial x^4} + 2 \dfrac{\partial^4 \varphi}{\partial x^2 \partial y^2} + \dfrac{\partial^4 \varphi}{\partial y^4} = 0$.

Substitute φ into the equations $\sigma_x = \dfrac{\partial^2 \varphi}{\partial y^2}$, $\sigma_y = \dfrac{\partial^2 \varphi}{\partial x^2}$, $\tau_{xy} = -\dfrac{\partial^2 \varphi}{\partial x \partial y}$ to get

$$\sigma_x = \frac{\partial^2 \varphi}{\partial y^2} = 2a, \quad \sigma_y = \frac{\partial^2 \varphi}{\partial x^2} = 0, \quad \tau_{xy} = -\frac{\partial^2 \varphi}{\partial x \partial y} = 0$$

For the rectangular plate and the coordinate directions shown in Figure 2-12, from the stress boundary condition $\begin{cases} \overline{X} = \sigma_x l + \tau_{yx} m \\ \overline{Y} = \tau_{xy} l + \sigma_y m \end{cases}$, it can be known that there is no surface force on the upper and lower sides, and the left and right sides are respectively subjected to a uniform surface force $2a$ in the left and right directions. It can be seen that the stress function $\varphi = ay^2$ can solve the problem that the rectangular plate is subjected to uniform tension or pressure in the x direction.

For example, when solving a problem of elastic mechanics, according to the boundary form and stress condition of the elastic body, the form of a part of the stress component is assumed first, and then the stress function φ is deduced. Then, check whether this stress function satisfies the compatibility equation, and whether the originally assumed stress components and the remaining stress components obtained from this stress function satisfy the boundary conditions. If all the conditions are met, the problem is solved, which is the semi-inverse solution.

【Example 2-15】 Figure 2-13 shows a thin plate of equal thickness with any shape, the physical force can be ignored, and there is a uniform pressure q on all the boundaries (including the boundary of the orifice) . Try to prove that $\sigma_x = \sigma_y = -q$, and $\tau_{xy} = 0$ are correct for this problem.

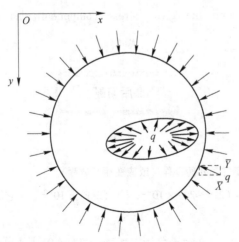

Figure 2-13   Example 2-15

【 **Answer** 】 The correct solution should satisfy the equilibrium differential equation, compatibility equation, stress boundary condition and displacement single value condition at the same time.

(1) Substitute the stress component into the balance differential equation to satisfy;

(2) Substitute the stress component into the compatibility equation and satisfy;

(3) Substitute the stress components for the stress boundary conditions:

$$\overline{X} = -ql, \ \overline{Y} = -qm$$

$$l(-q) + m \times 0 = \overline{X} = -ql$$

$$l \times 0 + m(-q) = \overline{Y} = -mq$$

are satisfied.

(4) Check the displacement unit value condition:

$$\frac{\partial u}{\partial x} = \varepsilon_x = \frac{-q}{E}(1-\mu) \rightarrow u = \frac{q}{E}(\mu-1)x + f_1(y)$$

$$\frac{\partial v}{\partial y} = \varepsilon_y = \frac{-q}{E}(1-\mu) \rightarrow v = \frac{q}{E}(\mu-1)y + f_2(x)$$

$$\frac{\partial v}{\partial x} + \frac{\partial u}{\partial y} = \gamma_{xy} = \frac{\tau_{xy}}{G} = 0 \rightarrow \frac{\mathrm{d}f_2(x)}{\mathrm{d}x} + \frac{\mathrm{d}f_1(y)}{\mathrm{d}y} = 0 \rightarrow \frac{\mathrm{d}f_2(x)}{\mathrm{d}x} = -\frac{\mathrm{d}f_1(y)}{\mathrm{d}y} = \omega$$

So:

$$f_1(y) = -\omega y + u_0, \ f_2(x) = \omega x + v_0$$

Therefore, $u = \frac{q}{E}(\mu-1)x - \omega y + u_0$ and $v = \frac{q}{E}(\mu-1)y + \omega x + v_0$ are both single-valued functions of coordinates, and the given stress component also satisfies the single-valued displacement condition.

课后习题

2-1 判断题

2-1-1 物体变形连续的充要条件是几何方程（或应变相容方程）。 ( )

2-1-2 已知位移分量函数 $u = (2x^2 + 20) \times 10^{-2}$，$v = (2xy) \times 10^{-2}$，由它们所求得的应变分量不一定能满足相容方程。 ( )

2-1-3 应变状态 $\varepsilon_x = k(x^2 + y^2)$，$\varepsilon_y = ky^2$，$\gamma_{xy} = 2kxy$，$(k \neq 0)$ 是不可能存在的。 ( )

2-1-4 当问题可当做平面应力问题来处理时，总有 $\sigma_z = 0$，$\tau_{xz} = 0$，$\tau_{yz} = 0$。 ( )

2-1-5 如图 2-14 所示圆截面截头锥体 $R \ll l$，问题属于平面应变问题。 (   )

2-1-6 如图 2-15 所示两块相同的薄板（厚度为 1），在等效的面力作用下，大部分区域应力分布是相同的。 (   )

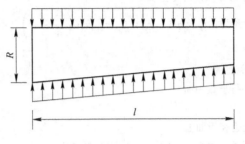

图 2-14 题 2-1-5 图

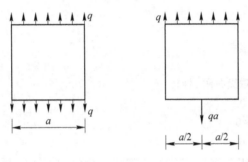

图 2-15 题 2-1-6 图

2-1-7 在 $y = a$（常数）的直线上，如 $u = 0$，则沿该直线必有 $\varepsilon_x = 0$。 (   )

2-1-8 对于应力边界问题，满足平衡微分方程和应力边界条件的应力，必为正确的应力分布。 (   )

2-1-9 在体力是常数的情况下，应力解答将与弹性常数无关。 (   )

2-2 填空题

2-2-1 严格来说，一般情况下，任何弹性力学问题都是空间问题，但是，当弹性体_____，_____时，空间问题可以简化为平面问题。

2-2-2 平面应力问题的几何形状特征是_____。

2-2-3 平面应变问题的几何形状特征是_____。

2-2-4 弹性力学平面问题有_____个基本方程，分别是_____。

2-2-5 对于两类平面问题，从物体内取出的单元体的受力情况_____差别，所建立的平衡微分方程_____差别。

2-2-6 对于多边体变形连续的充分和必要条件是_____和_____。

2-2-7 有一平面应力状态，其应力分量为：$\sigma_x = 12\mathrm{MPa}$，$\sigma_y = 10\mathrm{MPa}$，$\tau_{xy} = 6\mathrm{MPa}$ 及一主应力 $\sigma_1 = 17.08\mathrm{MPa}$，则另一主应力等于_____，最大剪应力等于_____。

2-2-8 已知平面应变问题内某一点的正应力分量为：$\sigma_x = 35\mathrm{MPa}$，$\sigma_y = 25\mathrm{MPa}$，$\mu = 0.3$，则 $\sigma_z = $_____。

2-2-9 对于多连体，弹性力学基本方程的定解条件除了边界条件外，还有_____。

2-2-10 已知某物体处在平面应力状态下，其表面上某点作用着面力 $\bar{X} = a$，$\bar{Y} = 0$，该点附近的物体内部有 $\tau_{xy} = 0$，则 $\sigma_x = $_____，$\sigma_y = $_____。

2-2-11 将平面应力问题下物理方程中的 E，μ 分别换成_____和_____就可得到平面应变问题下相应的物理方程。

2-2-12 对于平面应力问题，如果应力分量满足了平衡微分方程、相容方程及应力边界条件，则在_____情况下，应力分量即可完全确定。

2-2-13 已知某弹性体应力分量为：$\sigma_x = qxy$，$\sigma_y = 0$，$\tau_{xy} = C\left(\dfrac{h^2}{4} - y^2\right)$（不计体力），系数$C=$_____。

2-3 选择题

2-3-1 平面应力问题的外力特征是 （　　）
     A. 只作用在板边且平行于板中面
     B. 垂直作用在板面
     C. 平行中面作用在板边和板面上
     D. 作用在板面且平行于板中面

2-3-2 在平面应力问题中（取中面作 xy 平面） （　　）
     A. $\sigma_z = 0$，$w = 0$
     B. $\sigma_z \neq 0$，$w \neq 0$
     C. $\sigma_z = 0$，$w \neq 0$
     D. $\sigma_z \neq 0$，$w = 0$

2-3-3 在平面应变问题中（取纵向作 z 轴） （　　）
     A. $\sigma_z = 0$，$w = 0$，$\varepsilon_z = 0$
     B. $\sigma_z \neq 0$，$w \neq 0$，$\varepsilon_z \neq 0$
     C. $\sigma_z = 0$，$w \neq 0$，$\varepsilon_z = 0$
     D. $\sigma_z \neq 0$，$w = 0$，$\varepsilon_z = 0$

2-3-4 下列问题可简化为平面应变问题的是 （　　）
     A. 墙梁
     B. 高压管道
     C. 楼板
     D. 高速旋转的薄圆盘

2-3-5 平面应变问题的微元体处于 （　　）
     A. 单向应力状态
     B. 双向应力状态
     C. 三向应力状态，且 σ_z 是一主应力
     D. 纯剪切应力状态

2-3-6 平面问题的平衡微分方程表述的是_____之间的关系。 （　　）
     A. 应力与体力
     B. 应力与面力
     C. 应力与应变
     D. 应力与位移

2-3-7 设有平面应力状态 $\sigma_x = ax + by$，$\sigma_y = cx + dy$，$\tau_{xy} = -dx - ay - \gamma x$，其中 a、b、c、d 均为常数，γ 为容重。该应力状态满足平衡微分方程，其体力是 （　　）
     A. $X = 0$，$Y = 0$
     B. $X \neq 0$，$Y = 0$
     C. $X \neq 0$，$Y \neq 0$
     D. $X = 0$，$Y \neq 0$

2-3-8 某一平面应力状态，已知 $\sigma_x = \sigma$，$\sigma_y = \sigma$，$\tau_{xy} = 0$，则与 xy 面垂直的任意斜截面上的正应力和剪应力为 （　　）

A. $\sigma_\alpha = \sigma$，$\tau = 0$

B. $\sigma_\alpha = \sqrt{2}\sigma$，$\tau = \sqrt{2}\sigma$

C. $\sigma_\alpha = 2\sigma$，$\tau = \sigma$

D. $\sigma_\alpha = \sigma$，$\tau = \sigma$

2-3-9 如图 2-16 所示密度为 ρ 的矩形截面柱，应力分量为 $\sigma_x = 0$，$\sigma_y = Ay + B$，$\tau_{xy} = 0$，对图（a）、（b）两种情况由边界条件确定的常数 A 及 B 的关系是 （　　）

A. A 相同，B 也相同

B. A 不相同，B 也不相同

C. A 相同，B 不相同

D. A 不相同，B 相同

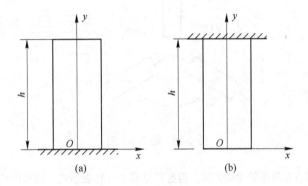

图 2-16　题 2-3-9 图

2-3-10 如图 2-17 所示两种截面相同的拉杆，应力分布有差别的部分是 （　　）

A. Ⅰ

B. Ⅱ

C. Ⅲ

D. Ⅰ和Ⅲ

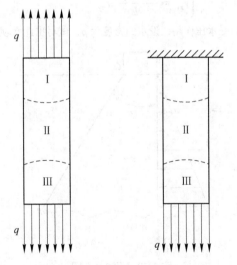

图 2-17　题 2-3-10 图

2-4　分析与计算题

2-4-1　在两类平面问题中，哪些应变分量和应力分量为零？

2-4-2　设已求得一点处的应力分量，试求 σ_1、σ_2、α_1：

（1）$\sigma_x = 100\text{MPa}$、$\sigma_y = 50\text{MPa}$、$\tau_{xy} = 10\sqrt{50}\,\text{MPa}$；

（2）$\sigma_x = -1000\text{MPa}$、$\sigma_y = -1500\text{MPa}$、$\tau_{xy} = 500\text{MPa}$。

2-4-3　如图 2-18 所示，用互成 120° 的应变花测得受力构件表面一点处的应变值为 ε_{N1}、ε_{N2}、ε_{N3}，试推求该点的应变分量表达式 ε_x、ε_y、γ_{xy}。

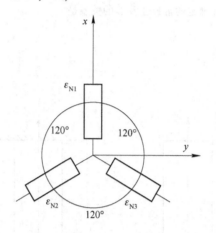

图 2-18　题 2-4-3 图

2-4-4　已知式子为平面应变问题的物理方程，但这只是其中一种表达式，试写出平面应变问题的另一种形式。

$$\begin{cases} \varepsilon_x = \dfrac{1-\mu^2}{E}\left(\sigma_x - \dfrac{\mu}{1-\mu}\sigma_y\right) \\[2mm] \varepsilon_y = \dfrac{1-\mu^2}{E}\left(\sigma_y - \dfrac{\mu}{1-\mu}\sigma_x\right) \\[2mm] \gamma_{xy} = \dfrac{2(1+\mu)}{E}\tau_{xy} \end{cases}$$

2-4-5　如图 2-19 所示坝体侧面受水压作用，设水的密度为 ρ，试写出此水坝 OA、O_1B 边的边界条件。

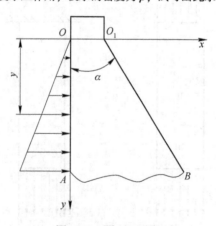

图 2-19　题 2-4-5 图

2-4-6 试写出如图 2-20 所示三角形悬臂梁的上下侧边界条件。

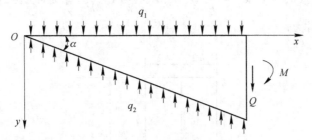

图 2-20 题 2-4-6 图

2-4-7 图 2-21 所示矩形截面体，受力如图所示，试写出上、下、左边的边界条件（提示：左侧边界条件利用圣维南原理）。

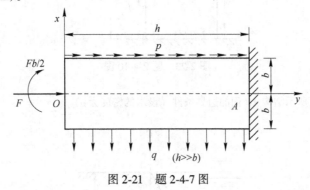

图 2-21 题 2-4-7 图

2-4-8 试确定以下两组应变状态能否存在（K，A，B 为常数），并说明为什么。

（1）$\varepsilon_x = K(x^2 + y^2)$，$\varepsilon_y = Ky^2$，$\gamma_{xy} = 2Kxy$；

（2）$\varepsilon_x = Axy^2$，$\varepsilon_y = Bx^2y$，$\gamma_{xy} = 0$。

2-4-9 图 2-22 所示的楔形体，已求出其各应力分量为：

$$\begin{cases} \sigma_x = -\gamma gy \\ \sigma_y = (\rho g\cot\alpha - 2\gamma g\cot^3\alpha)x + (\gamma g\cot^2\alpha - \rho g)y \\ \tau_{xy} = \tau_{yx} = -\gamma gx\cot^2\alpha \end{cases}$$

试证明在 $y = y_0(y_0 > 0)$ 的横截面上的应力满足该截面上部截面体的整体平衡条件。

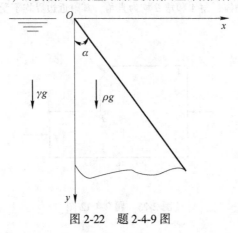

图 2-22 题 2-4-9 图

2-4-10 试验证应力分量 $\sigma_x = 0$，$\sigma_y = \dfrac{12q}{h^2}xy$，$\tau_{xy} = -\dfrac{q}{2}\left(1 - \dfrac{12}{h^2}x^2\right)$ 是否为图 2-23 所示平面问题解答（假设不考虑体力）。

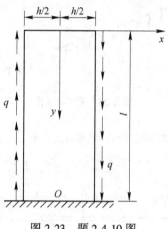

图 2-23   题 2-4-10 图

2-4-11 试写出图 2-24 所示结构 AB 面的边界条件（设水的密度为 ρ）。

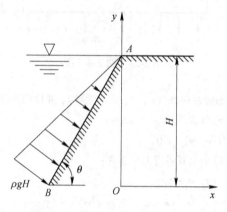

图 2-24   题 2-4-11 图

2-4-12 如图 2-25 所示平面物体，角 A 和角 B 均为直角，其附近边界均不受外力，试说明 A、B 两点的应力状态。

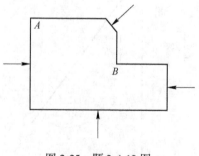

图 2-25   题 2-4-12 图

2-4-13 图 2-26 所示三角形截面水坝，材料的密度为 ρ，承受容重为 γ 液体的压力，已求得坝体应力解为：

$$\sigma_x = ax + by, \quad \sigma_y = cx + dy - \rho gy, \quad \tau_{xy} = -dx - ay$$

问：（1）试写出直边及斜边上的边界条件；

（2）求出系数 a、b、c、d。

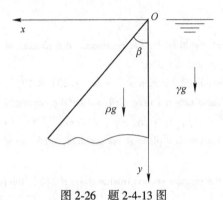

图 2-26 题 2-4-13 图

2-4-14 对于承受水压作用的三角形坝体，如图 2-27 所示，已求得应力分量为 $\sigma_x = ax + by$，$\sigma_y = cx + ey$，$\tau_{xy} = -ex - ay - \rho gx$。

式中，ρ 为坝体材料的密度；ρ_1 为水的密度。试根据其边界条件求常数 a、b、c 及 e。

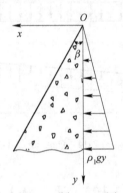

图 2-27 题 2-4-14 图

2-4-15 图 2-28 所示平板，体力为重力 W（常数）。板内的应力分量为 $\sigma_x = 0$，$\sigma_y = c_1 y + c_2$，$\tau_{xy} = 0$。此时的板 AB、BC 及 CD 边均未受外力作用，试求系数 c_1、c_2 之值。

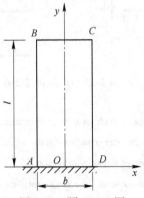

图 2-28 题 2-4-15 图

Homework

2-1   True or false

2-1-1   The necessary and sufficient condition for the continuous deformation of objects is the geometric equation (or the strain compatibility equation) .   (   )

2-1-2   Given the displacement component function $u = (2x^2 + 20) \times 10^{-2}$, $v = (2xy) \times 10^{-2}$, the strain components obtained from them may not necessarily satisfy the compatibility equation.   (   )

2-1-3   The strain state $\varepsilon_x = k(x^2 + y^2)$, $\varepsilon_y = ky^2$, $\gamma_{xy} = 2kxy$, $(k \neq 0)$ cannot exist.   (   )

2-1-4   When the problem can be treated as a plane stress problem, there are always $\sigma_z = 0$, $\tau_{xz} = 0$, $\tau_{yz} = 0$.

                                                                                                                                           (   )

2-1-5   As shown in Figure 2-14, the circular section frustum cone $R \ll l$, the problem belongs to the plane strain problem.   (   )

2-1-6   For two identical thin plates (thickness 1) shown in Figure 2-15, under the action of equivalent surface force, the stress distribution in most areas is the same.   (   )

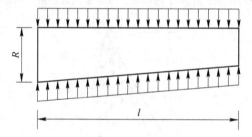

Figure 2-14   Question 2-1-5

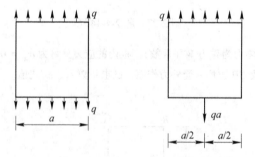

Figure 2-15   Question 2-1-6

2-1-7   On a straight line of $y = a$ (constant), such as $u = 0$, there must be $\varepsilon_x = 0$.   (   )

2-1-8   For the stress boundary problem, the stress satisfying the equilibrium differential equation and the stress boundary condition must be the correct stress distribution.   (   )

2-1-9   In the case where the body force is constant, the stress solution will be independent of the elastic constant.

                                                                                                                                           (   )

2-2 Fill in the blanks

2-2-1 Strictly speaking, in general, any elastic mechanics problem is a space problem, but when the elastic body _____, _____, the space problem can be reduced to a plane problem.

2-2-2 The geometry characteristic of the plane stress problem is_____.

2-2-3 The geometrical feature of the plane strain problem is_____.

2-2-4 The elastic plane problem has_____ basic equations, which are_____.

2-2-5 For the two types of plane problems, the difference in the force of the unit body taken out from the object_____, and the difference in the established equilibrium differential equation_____.

2-2-6 The sufficient and necessary conditions for polygonal deformation continuity are _____ and_____.

2-2-7 There is a plane stress state, the stress components are: $\sigma_x = 12$MPa, $\sigma_y = 10$MPa, $\tau_{xy} = 6$MPa and a principal stress $\sigma_1 = 17.08$MPa, then the other principal stress is equal to_____, and the maximum shear stress is equal to_____.

2-2-8 Given that the normal stress component at a point in the plane strain problem is: $\sigma_x = 35$MPa, $\sigma_y = 25$MPa, $\mu = 0.3$, then $\sigma_z = $_____.

2-2-9 For polyhedron, in addition to boundary conditions, the definite solution conditions of the basic equations of elasticity also include_____.

2-2-10 It is known that a certain object is in a state of plane stress, a surface force $\overline{X} = a$, $\overline{Y} = 0$ acts on a certain point on its surface, and there is $\tau_{xy} = 0$ inside the object near the point, then $\sigma_x = $_____, $\sigma_y = $_____.

2-2-11 The corresponding physical equations under the plane strain problem can be obtained by replacing E, μ in the physical equation under the plane stress problem with_____ and_____ respectively.

2-2-12 For the plane stress problem, if the stress component satisfies the equilibrium differential equation, compatibility equation and stress boundary conditions, then in the case of_____, the stress component can be completely determined.

2-2-13 It is known that the stress components of an elastic body are: $\sigma_x = qxy$, $\sigma_y = 0$, $\tau_{xy} = C\left(\frac{h^2}{4} - y^2\right)$ (excluding physical force), and the coefficient $C = $_____.

2-3 Multiple choice questions

2-3-1 The external force characteristic of plane stress problem is ( )

    A. Only acts on the edge of the plate and parallel to the middle surface of the plate

    B. Acts vertically on the plate surface

    C. Parallel to the mid-surface acting on the edge and surface

    D. Acting on the surface and parallel to the mid-surface

2-3-2 In the plane stress problem (take the midplane as the xy plane) ( )

    A. $\sigma_z = 0$, $w = 0$ B. $\sigma_z \neq 0$, $w \neq 0$

    C. $\sigma_z = 0$, $w \neq 0$ D. $\sigma_z \neq 0$, $w = 0$

2-3-3 In the plane strain problem (take the longitudinal direction as the z-axis) ( )

    A. $\sigma_z = 0$, $w = 0$, $\varepsilon_z = 0$ B. $\sigma_z \neq 0$, $w \neq 0$, $\varepsilon_z \neq 0$

    C. $\sigma_z = 0$, $w \neq 0$, $\varepsilon_z = 0$ D. $\sigma_z \neq 0$, $w = 0$, $\varepsilon_z = 0$

2-3-4 Which of the following problems can be reduced to plane strain problems is ( )

A. Wall beams   B. High pressure pipes

C. Floor slabs   D. Thin discs rotating at high speed

2-3-5   The microelement of the plane strain problem is in   (   )

A. Unidirectional stress state

B. Bidirectional stress state

C. Three-dimensional stress state, and is a principal stress

D. Pure shear stress state

2-3-6   The equilibrium differential equation for the plane problem expresses the relationship between_____.

(   )

A. Stress and physical force   B. Stress and surface force

C. Stress and Strain   D. Stress and Displacement

2-3-7   There are plane stress states $\sigma_x = ax + by$, $\sigma_y = cx + dy$, $\tau_{xy} = -dx - ay - \gamma x$, where a, b, c, d are all constants, and is the bulk density. This stress state satisfies the equilibrium differential equation, and its body force is   (   )

A. $X=0$, $Y=0$ B. $X\neq0$, $Y=0$

C. $X\neq0$, $Y\neq0$ D. $X=0$, $Y\neq0$

2-3-8   A certain plane stress state, given $\sigma_x = \sigma$, $\sigma_y = \sigma$, $\tau_{xy} = 0$, the normal stress and shear stress on any inclined section perpendicular to the xy plane are   (   )

A. $\sigma_\alpha=\sigma$, $\tau=0$ B. $\sigma_\alpha=\sqrt{2}\sigma$, $\tau=\sqrt{2}\sigma$

C. $\sigma_\alpha=2\sigma$, $\tau=\sigma$ D. $\sigma_\alpha=\sigma$, $\tau=\sigma$

2-3-9   As shown in Figure 2-16, the density of the rectangular section column is ρ, and the stress components are $\sigma_x = 0$, $\sigma_y = Ay + B$, $\tau_{xy} = 0$. The relationship between the constants A and B determined by the boundary conditions for the two cases in Figures (a) and (b) is   (   )

A. A is the same, B is the same   B. A is not the same, B is not the same

C. A is the same, B is not the same   D. A is not the same, B is the same

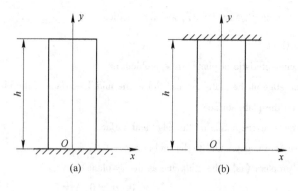

Figure 2-16   Question 2-3-9

2-3-10 For two tie rods with the same cross section as shown in the Figure 2-17, the part with different stress distribution is   (   )

A. I   B. II

C. III   D. I and III

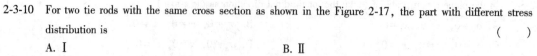

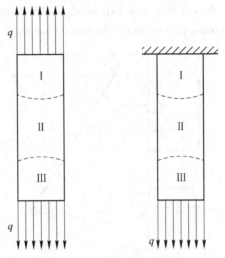

Figure 2-17   Question 2-3-10

2-4   Analysis and calculation questions

2-4-1   In two types of plane problems, which strain and stress components are zero?

2-4-2   Assuming that the stress components at a point have been obtained, try to find σ_1, σ_2, α_1:

(1) $\sigma_x = 100\text{MPa}$, $\sigma_y = 50\text{MPa}$, $\tau_{xy} = 10\sqrt{50}\,\text{MPa}$;

(2) $\sigma_x = -1000\text{MPa}$, $\sigma_y = -1500\text{MPa}$, $\tau_{xy} = 500\text{MPa}$.

2-4-3   As shown in Figure 2-18, the strain value ε_{N1}, ε_{N2}, ε_{N3} at a point on the surface of the force-bearing member is measured with strain rosettes that are 120° to each other, and the strain component expression ε_x, ε_y, γ_{xy} at this point is calculated.

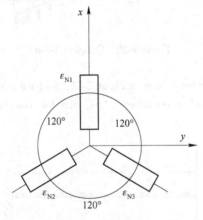

Figure 2-18   Question 2-4-3

2-4-4   The known formula is the physical equation of the plane strain problem, but this is only one of the expressions, try to write another form of the plane strain problem.

$$\varepsilon_x = \frac{1-\mu^2}{E}\left(\sigma_x - \frac{\mu}{1-\mu}\sigma_y\right)$$

$$\varepsilon_y = \frac{1-\mu^2}{E}\left(\sigma_y - \frac{\mu}{1-\mu}\sigma_x\right)$$

$$\gamma_{xy} = \frac{2(1+\mu)}{E}\tau_{xy}$$

2-4-5   As shown in Figure 2-19, the side of the dam body is subjected to water pressure. Let the density of water be ρ, and try to write the boundary conditions of the dam OA and O_1B.

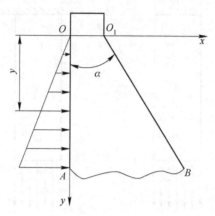

Figure 2-19   Question 2-4-5

2-4-6   Write the upper and lower boundary conditions of the triangular cantilever beam shown in Figure 2-20.

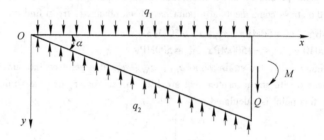

Figure 2-20   Question 2-4-6

2-4-7   The rectangular cross-section body shown in Figure 2-21, the force is shown in the figure, try to write the upper, lower and left boundary conditions (hint: the left boundary condition uses Saint-Venant's principle).

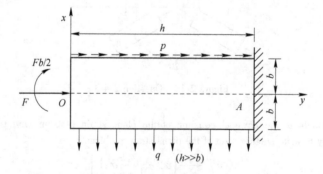

Figure 2-21   Question 2-4-7

2-4-8   Try to determine whether the following two sets of strain states exist (K, A, B as constants), and explain why.

(1) $\varepsilon_x = K(x^2 + y^2)$, $\varepsilon_y = Ky^2$, $\gamma_{xy} = 2Kxy$;

(2) $\varepsilon_x = Axy^2$, $\varepsilon_y = Bx^2y$, $\gamma_{xy} = 0$.

2-4-9 For the wedge-shaped body shown in Figure 2-22, its stress components have been calculated as:

$$\begin{cases} \sigma_x = -\gamma gy \\ \sigma_y = (\rho g\cot\alpha - 2\gamma g\cot^3\alpha)x + (\gamma g\cot^2\alpha - \rho g)y \\ \tau_{xy} = \tau_{yx} = -\gamma gx\cot^2\alpha \end{cases}$$

Prove that the stress on the cross-section of $y = y_0(y_0 > 0)$ satisfies the overall equilibrium condition of the upper section of the section.

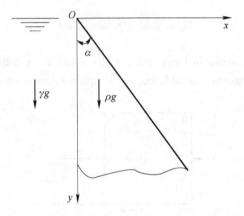

Figure 2-22   Question 2-4-9

2-4-10 Test to verify whether the stress components $\sigma_x = 0$, $\sigma_y = \dfrac{12q}{h^2}xy$, $\tau_{xy} = -\dfrac{q}{2}\left(1 - \dfrac{12}{h^2}x^2\right)$ are the

solutions to the plane problem shown in Figure 2-23 (Assuming physical strength is not considered).

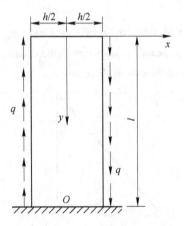

Figure 2-23   Question 2-4-10

2-4-11 Try to write the boundary conditions of the AB surface of the structure shown in the Figure 2-24 (set the density of water as ρ).

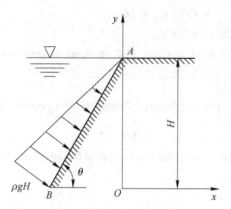

Figure 2-24   Question 2-4-11

2-4-12   For a plane object as shown in Figure 2-25, angles A and B are both right angles, and the nearby boundaries are not subject to external forces. Try to explain the stress state of points A and B.

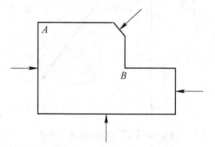

Figure 2-25   Question 2-4-12

2-4-13   For the triangular section dam shown in Figure 2-26, the specific gravity of the material is ρ and the pressure of the liquid with the specific gravity γ is applied. The dam body stress solution has been obtained as:

$$\sigma_x = ax + by, \ \sigma_y = cx + dy - \rho gy, \ \tau_{xy} = -dx - ay$$

Question: (1) Try to write the boundary conditions on the straight edge and the hypotenuse;

(2) Calculate the coefficients a, b, c and d.

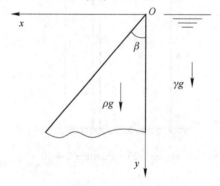

Figure 2-26   Question 2-4-13

2-4-14 For the triangular dam body subjected to water pressure, as shown in Figure 2-27, the obtained stress component is $\sigma_x = ax + by$, $\sigma_y = cx + ey$, $\tau_{xy} = -ex - ay - \rho gx$.

where ρ is the density of the dam material; ρ_1 is the density of the water. Try to find the constants a, b, c and e according to their boundary conditions.

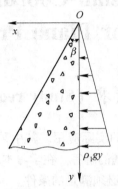

Figure 2-27   Question 2-4-14

2-4-15 As shown in Figure 2-28, the body force is gravity W (constant). The stress components in the plate are $\sigma_x = 0$, $\sigma_y = c_1 y + c_2$, $\tau_{xy} = 0$. At this time, the AB, BC, and CD sides of the plate are not affected by external force. Try to find the values of the coefficients c_1 and c_2.

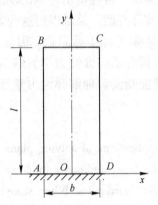

Figure 2-28   Question 2-4-15

3 平面问题的直角坐标解答
(Cartesian Coordinate Solutions for Plane Problems)

3.1 学习要求 (Study requirements)

本章介绍按应力求解平面问题的实际应用。其中采用应力函数 Φ 作为基本未知函数进行求解，并以直角坐标来表示问题的解答。在学习本章时，应重点掌握：

(1) 按应力函数 Φ 求解时，Φ 必须满足的条件。

(2) 逆解法和半逆解法。

(3) 应力边界条件及圣维南原理的应用。

(4) 由应力求位移的方法。

(5) 从简支梁受均布荷载的问题中，比较弹性力学和材料力学解法的异同。

在早期，应用逆解法和半逆解法，曾经得出许多比较简单的平面问题的解答。但是对于有复杂荷载和边界条件的工程实际问题，是难以用这些方法找出函数式解答的。现在已可以采用弹性力学的近似解法来求解工程实际问题。因此，这里不要求读者去求解新的问题的函数式解答，而是只要求读者了解弹性力学问题是如何求解的，如何满足有关的方程和边界条件的，从而使读者能阅读和理解弹性力学已有的解答，并应用到工程实践中去。

This chapter presents practical applications of solving plane problems by stress. Among them, the stress function Φ is used as the basic unknown function to solve, and the solution of the problem is represented by rectangular coordinates. When studying this chapter, you should focus on mastering：

(1) When solving according to the stress function Φ, the conditions that Φ must satisfy.

(2) Inverse and semi-inverse solutions.

(3) Stress boundary conditions and the application of Saint-Venant's principle.

(4) The method of calculating displacement from stress.

(5) Compare the similarities and differences between elastic mechanics and material mechanics solutions from the problem of uniformly distributed loads on simply supported beams.

In the early days, many simpler plane problems were solved by applying inverse and semi-inverse methods. But for practical engineering problems with complex loads and boundary conditions, it is difficult to find functional solutions with these methods. Now the approximate solution method of elastic mechanics can be used to solve practical engineering problems. Therefore, the reader is not required to solve the functional solution of the new problem, but only requires the reader to understand how the elastic mechanics problem is solved and how to satisfy the relevant equations and boundary conditions, so that the reader can read and understand the elastic mechanics. Some answers, and applied to engineering practice.

3.2 重点知识归纳（Summary of key knowledge）

（1）按应力函数 Φ 求解时，Φ 必须满足下列条件。

1）区域 A 内的相容方程，$\nabla^4 \Phi = 0$。

2）s 上的应力边界条件（假设全部为应力边界条件，$s = s_\sigma$）：

$$\begin{cases} (l\sigma_x + m\tau_{yx})_s = \bar{f}_x(s) \\ (m\sigma_y + l\tau_{xy})_s = \bar{f}_y(s) \end{cases}$$

3）多连体中的位移单值条件（若为单连体，位移单值条件通常是自然满足的，故可以不必校核）。

4）求出 Φ 后，可按下式求出应力分量：

$$\sigma_x = \frac{\partial^2 \Phi}{\partial y^2} - f_x x, \ \sigma_y = \frac{\partial^2 \Phi}{\partial x^2} - f_y y, \ \tau_{xy} = -\frac{\partial^2 \Phi}{\partial x \partial y}$$

（2）用逆解法求应力函数 Φ 时，其步骤如下：

1）先找出满足相容方程$\nabla^4 \Phi = 0$ 的解 Φ。

2）由 Φ 求应力分量。

3）在给定边界的形状（边界方程）下，根据应力边界条件，由应力反推出面力，从而得出在此组面力作用下，其解答就是上述 Φ 和应力。

（3）用半逆解法求应力函数时，其步骤如下：

1）根据边界形状和受力情况等，假设应力分量的函数形式。

2）根据应力分量和应力函数 Φ 的关系式，推求出应力函数 Φ 的函数形式。

3）将 Φ 代入相容方程，求出 Φ。

4）将 Φ 代入应力表达式，求出各应力分量。

5）将应力分量代入应力边界条件，考察它们是否满足全部边界条件（对于多连体，还须满足位移单值条件）。如果所有条件均能满足，上述解答就是正确的解答。否则，修改假设，重新进行求解。

（4）在半逆解法中寻找应力函数 Φ 时，通常来用下列方法来假设应力分量的函数形式：

1）由材料力学解答提出假设。

2）由边界受力情况提出假设。

3）用量纲分析方法提出假设。

（5）在校核应力边界条件时，必须注意以下几点：

1）首先考虑主要边界（大边界）上的条件，然后考虑次要边界（小边界）上的条件。

2）在主要边界上，必须精确地满足边界条件式 $\begin{cases}(l\sigma_x+m\tau_{yx})_s=\bar{f}_x(s)\\(m\sigma_y+l\tau_{xy})_s=\bar{f}_y(s)\end{cases}$（在 s_σ 上），每边应有两个条件。

3）在次要边界上，如不能满足式 $\begin{cases}(l\sigma_x+m\tau_{yx})_s=\bar{f}_x(s)\\(m\sigma_y+l\tau_{xy})_s=\bar{f}_y(s)\end{cases}$（在 s_σ 上），可以应用圣维南原理，用3个积分的应力边界条件（主矢量和主矩的条件）来代替。

4）必须把边界方程代入边界条件。

5）分清在边界条件中应力和面力的不同的符号规定。

6）除一个次要边界外，其他所有边界条件都必须进行校核并使之满足。当平衡微分方程和其他应力边界条件都满足以后，从整体平衡条件可以得出，未校核的一个次要边界上的3个积分的应力边界条件是必然满足的。

（6）在求出应力后，由应力求位移的方法是：

1）将应力分量代入物理方程式 $\begin{cases}\varepsilon_x=\dfrac{1}{E}(\sigma_x-\mu\sigma_y)\\\varepsilon_y=\dfrac{1}{E}(\sigma_y-\mu\sigma_x)\\\gamma_{xy}=\dfrac{2(1+\mu)}{E}\tau_{xy}\end{cases}$ 或 $\begin{cases}\varepsilon_x=\dfrac{1-\mu^2}{E}\left(\sigma_x-\dfrac{\mu}{1-\mu}\sigma_y\right)\\\varepsilon_y=\dfrac{1-\mu^2}{E}\left(\sigma_y-\dfrac{\mu}{1-\mu}\sigma_x\right)\\\gamma_{xy}=\dfrac{2(1+\mu)}{E}\tau_{xy}\end{cases}$，

求出形变分量。

2）将形变分量代入几何方程式 $\varepsilon_x=\dfrac{\partial u}{\partial x}$，$\varepsilon_y=\dfrac{\partial v}{\partial y}$，$\gamma_{xy}=\dfrac{\partial v}{\partial x}+\dfrac{\partial u}{\partial y}$，由前两式积分，分别求出 u 和 v，其中包含待定的积分函数；再由第三式求出这些积分函数。

3）由物体的刚体约束条件，求出待定的刚体位移量 u_0、v_0 和 w。

（7）学习本章的重点，是掌握弹性力学问题按应力求解的方法。要求读者在掌握这些基本理论之后，能阅读和理解弹性力学文献，并将已有的解答应用到工程实践中去。

（8）对于工程实际问题，由于边界形状和受力、约束条件较为复杂，难以得出微分方程的函数式解答，因此，并不要求读者去求解这些问题的解答，只要求能掌握弹性力学的基本理论，并能应用弹性力学近似解法（如有限单元法）去解决工程实际问题。

(1) When solving according to the stress function Φ, Φ must satisfy the following conditions:
1) Compatibility equation in region A, $\nabla^4\Phi=0$.
2) Stress boundary conditions on s (assuming all are stress boundary conditions, $s=s_\sigma$):
$$\begin{cases}(l\sigma_x+m\tau_{yx})_s=\bar{f}_x(s)\\(m\sigma_y+l\tau_{xy})_s=\bar{f}_y(s)\end{cases}$$

3) Displacement single-value condition in multi-connected body (if it is a single-connected body, the displacement single-valued condition is usually satisfied naturally, so it is not necessary to check).

4) After obtaining Φ the stress component can be obtained as follows:

$$\sigma_x = \frac{\partial^2 \Phi}{\partial y^2} - f_x x, \quad \sigma_y = \frac{\partial^2 \Phi}{\partial x^2} - f_y y, \quad \tau_{xy} = -\frac{\partial^2 \Phi}{\partial x \partial y}$$

(2) When using the inverse solution method to find the stress function Φ, the steps are as follows:

1) First find the solution Φ that satisfies the compatibility equation $\nabla^4 \Phi = 0$.

2) Find the stress component from Φ.

3) Under the shape of the given boundary (boundary equation), according to the stress boundary conditions, it can be deduced from the stress surface force, thus it can be concluded that under the action of this group of surface forces, the solution is the above Φ and stress.

(3) When using the semi-inverse solution method to find the western number of stress, the steps are as follows:

1) According to the boundary shape and stress conditions, etc., assume the functional form of the stress component.

2) According to the relationship between the stress component and the stress function Φ, deduce the functional form of the stress Western number Φ.

3) Substitute Φ into the compatibility equation to find Φ.

4) Substitute Φ into the stress expression to obtain each stress component.

5) Substitute the stress components into the stress boundary conditions, and check whether they satisfy all the boundary conditions (for a multi-connected body, the displacement single-value condition must also be satisfied). If all conditions are met, the above answer is the correct answer. Otherwise, modify the assumptions and re-solve.

(4) When looking for the stress function Φ in the semi-inverse solution method, the following methods are usually used to assume the functional form of the stress components:

1) The assumption is made by the solution of mechanics of materials.

2) Put forward assumptions based on the boundary force situation.

3) Put forward hypotheses using dimensional analysis method.

(5) When checking the stress boundary conditions, the following points must be paid attention to:

1) Consider the conditions on the primary boundary (large boundary) first, and then consider the conditions on the secondary boundary (small boundary).

2) On the main boundary, the boundary condition formula $\begin{cases} (l\sigma_x + m\tau_{yx})_s = \bar{f}_x(s) \\ (m\sigma_y + l\tau_{xy})_s = \bar{f}_y(s) \end{cases}$ (on s_σ) must be satisfied exactly, and there should be two conditions on each side.

3) On the secondary boundary, if the formula $\begin{cases} (l\sigma_x + m\tau_{yx})_s = \bar{f}_x(s) \\ (m\sigma_y + l\tau_{xy})_s = \bar{f}_y(s) \end{cases}$ (on s_σ) cannot be satisfied, the St. Venant's principle can be applied, and the stress boundary conditions

（conditions of principal vector and principal moment）of 3 integrals can be used instead.

4）The boundary equation must be substituted into the boundary conditions.

5）Distinguish the different symbols of stress and surface force in boundary conditions.

6）Except for one secondary boundary, all other boundary conditions must be checked and satisfied. When the equilibrium differential equation and other stress boundary conditions are satisfied, it can be concluded from the overall equilibrium condition that the stress boundary conditions of the three integrals on a secondary boundary that is not checked must be satisfied.

（6）After obtaining the stress, the method to obtain the displacement from the stress is：

1）Substitute the stress component into the physical equation
$$\begin{cases} \varepsilon_x = \dfrac{1}{E}(\sigma_x - \mu\sigma_y) \\ \varepsilon_y = \dfrac{1}{E}(\sigma_y - \mu\sigma_x) \\ \gamma_{xy} = \dfrac{2(1+\mu)}{E}\tau_{xy} \end{cases}$$
or

$$\begin{cases} \varepsilon_x = \dfrac{1-\mu^2}{E}\left(\sigma_x - \dfrac{\mu}{1-\mu}\sigma_y\right) \\ \varepsilon_y = \dfrac{1-\mu^2}{E}\left(\sigma_y - \dfrac{\mu}{1-\mu}\sigma_x\right) \\ \gamma_{xy} = \dfrac{2(1+\mu)}{E}\tau_{xy} \end{cases}$$
to obtain the strain component.

2）Substitute the strain components into the geometric equations $\varepsilon_x = \dfrac{\partial u}{\partial x}$, $\varepsilon_y = \dfrac{\partial v}{\partial y}$, $\gamma_{xy} = \dfrac{\partial v}{\partial x} + \dfrac{\partial u}{\partial y}$, and integrate the first two equations to obtain u and v respectively, which contain the undetermined integral functions; and then obtain these integral functions from the third formula.

3）According to the rigid body constraints of the object, obtain the undetermined rigid body displacements u_0、v_0 and w.

（7）The focus of this chapter is to master the methods of solving elastic mechanics problems by stress. After mastering these basic theories, readers are required to be able to read and understand the literature on elasticity, and to apply the existing solutions to engineering practice.

（8）For practical engineering problems, it is difficult to obtain functional solutions of differential equations due to the complex boundary shape, force and constraint conditions. Therefore, readers are not required to solve these problems, but only to master the basic theory of elasticity and to apply approximate solutions of elasticity（such as finite element method）to solve practical engineering problems.

3.3　典型例题分析（Analysis of typical examples）

【例 3-1】 如图 3-1 所示的矩形板，若选取应力函数 $\varphi = b_2 xy$，试确定各边界的面力（体力不计）。

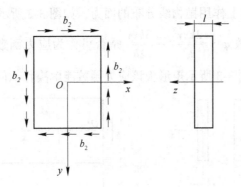

图 3-1　例 3-1 图

【解答】 应力函数 $\varphi = b_2 xy$ 是满足相容方程 $\dfrac{\partial^4 \varphi}{\partial x^4} + 2\dfrac{\partial^4 \varphi}{\partial x^2 \partial y^2} + \dfrac{\partial^4 \varphi}{\partial y^4} = 0$ 的，其应力分量可由式 $\sigma_x = \dfrac{\partial^2 \varphi}{\partial y^2}$，$\sigma_y = \dfrac{\partial^2 \varphi}{\partial x^2}$，$\tau_{xy} = \dfrac{\partial^2 \varphi}{\partial x \partial y}$ 求得。

$$\sigma_x = \frac{\partial^2 \varphi}{\partial y^2} = 0,\ \sigma_y = \frac{\partial^2 \varphi}{\partial x^2} = 0,\ \tau_{xy} = -\frac{\partial^2 \varphi}{\partial x \partial y} = -b_2$$

边界面力如图 3-1 所示，此对应于纯剪切应力状态。

【例 3-2】 图 3-2 所示具有单位厚度的矩形板，若选取四次函数 $\varphi = a_4 x^4 + e_4 y^4$，先检验此函数能否作为应力函数，若可以，试确定各边界的面力（体力不计）。

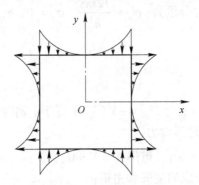

图 3-2　例 3-2 图

【解答】 将 $\varphi = a_4 x^4 + e_4 y^4$ 代入相容方程 $\dfrac{\partial^4 \varphi}{\partial x^4} + 2\dfrac{\partial^4 \varphi}{\partial x^2 \partial y^2} + \dfrac{\partial^4 \varphi}{\partial y^4} = 0$，有：

$$24a_4 + 24e_4 = 0$$

若 $e_4 > 0$，$a_4 < 0$，可得 $a_4 = -e_4$，再由式 $\sigma_x = \dfrac{\partial^2 \varphi}{\partial y^2}$，$\sigma_y = \dfrac{\partial^2 \varphi}{\partial x^2}$，$\tau_{xy} = -\dfrac{\partial^2 \varphi}{\partial x \partial y}$ 求出应力分量：

$$\sigma_x = \frac{\partial^2 \varphi}{\partial y^2} = 12e_4 y^2, \quad \sigma_y = \frac{\partial^2 \varphi}{\partial x^2} = 12a_4 x^2, \quad \tau_{xy} = -\frac{\partial^2 \varphi}{\partial x \partial y} = 0$$

可知此矩形板各边界上作用抛物线分布的面力，如图 3-2 所示。

【例 3-3】 试检验函数 $\varphi = \dfrac{2kxy^3}{h^3} - \dfrac{3kxy}{2h}$ 是否可作为应力函数。若能，试求应力分量（不计体力），并指出对图 3-3 所示矩形板该应力函数能解决什么问题。

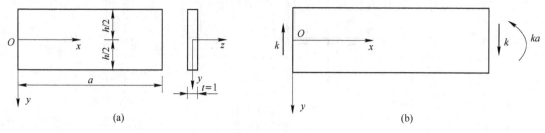

(a)   (b)

图 3-3   例 3-3 图

【解答】 （1）检验函数。

因为 $\dfrac{\partial^4 \varphi}{\partial x^4} = 0$，$\dfrac{\partial^4 \varphi}{\partial x^2 \partial y^2} = 0$，$\dfrac{\partial^4 \varphi}{\partial y^4} = 0$，代入相容方程，满足相容方程，因此该函数可作为应力函数。

（2）应力分量。

由式 $\begin{cases} \sigma_x = \dfrac{\partial^2 \varphi}{\partial y^2} \\[2mm] \sigma_y = \dfrac{\partial^2 \varphi}{\partial x^2} \\[2mm] \tau_{xy} = -\dfrac{\partial^2 \varphi}{\partial x \partial y} \end{cases}$ 得应力分量为：$\sigma_x = \dfrac{12kxy}{h^3}$，$\sigma_y = 0$，$\tau_{xy} = -\dfrac{6ky^2}{h^2} + \dfrac{3k}{2h}$。

（3）边界面力。

根据应力边界条件式 $\sigma_x = \pm \overline{X}$，$\tau_{xy} = \pm \overline{Y}$（$S_\sigma$ 平行于 y 轴时）或 $\sigma_x = \pm \overline{Y}$，$\tau_{xy} = \pm \overline{X}$（$S_\sigma$ 平行于 x 轴时），求出对应的边界面力。

在上、下边界，$l = 0$，$m = \pm 1$，可得 $\overline{X} = \overline{Y} = 0$。

在左边界（$x = 0$）应力合成的主矢和主矩：

$$\int_{-h/2}^{h/2} \sigma_x \mathrm{d}y = 0$$

$$\int_{-h/2}^{h/2} \sigma_x y \mathrm{d}y = 0$$

$$\int_{-h/2}^{h/2} \tau_{xy} \mathrm{d}y = k = -\overline{Y}(\text{向上})$$

在右边界（$x=a$）应力合成的主矢和主矩：

$$\int_{-h/2}^{h/2} \sigma_x \mathrm{d}y = 0$$

$$\int_{-h/2}^{h/2} \tau_{xy} \mathrm{d}y = k = \overline{Y}$$

$$\int_{-h/2}^{h/2} \sigma_x y \mathrm{d}y = ka \quad （逆时针）$$

左边界应力合成的主矢为向上的切向力 k，主矩为零，所以面力合成的主矢也为向上的切向力 k，主矩为零；右边界应力合成的主矢为向下的切向力 k，主矩为 ka（逆时针转向），所以面力合成的主矢也为向下的切向力 k，主矩为 ka（逆时针转向），如图 3-3（b）所示。

（4）该应力函数能解决悬臂梁左端受向上集中力作用的问题。

【分析】在梁端（小部分边界）可建立静力等效边界条件。应力合成的主矢与外力主矢方向一致时取正号，反之取负号；y 轴正向的应力对坐标原点产生的矩的转向与外力主矩转向一致时取正号，反之取负号。

【例3-4】设有矩形截面的长竖柱，密度为 ρ，在一边侧面上受均布剪力 q，如图 3-4 所示，试求应力分量。

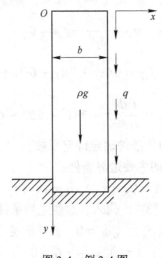

图 3-4　例 3-4 图

【解答】采用半逆解法求解。因为在材料力学弯曲的基本公式中，假设材料是符合简单的胡克定律，所以可以认为矩形截面竖柱的纵向纤维间无挤压，即 $\sigma_x = 0$。

（1）假设应力分量的函数形式。

$$\sigma_x = 0$$

（2）推求应力函数的形式。此时，体力为 $f_x = 0$，$f_y = \rho g$。将 $\sigma_x = 0$ 代入应力公式有：

$$\frac{\partial^2 \Phi}{\partial y^2} = 0$$

对 x 积分，得：

$$\frac{\partial \varPhi}{\partial y} = f(x) \tag{3-1}$$

$$\varPhi = yf(x) + f_1(x) \tag{3-2}$$

其中，$f(x)$、$f_1(x)$ 都是 x 的待定函数。

（3）由相容方程求解应力函数。将式（3-2）代入相容方程，得：

$$y \frac{\mathrm{d}^4 f(x)}{\mathrm{d}x^4} + \frac{\mathrm{d}^4 f_1(x)}{\mathrm{d}x^4} = 0$$

这是 y 的一次方程，相容方程要求它有无数多的根（全竖柱内的 y 值都应该满足它），可见它的系数和自由项都必须等于零。

$$\frac{\mathrm{d}^4 f(x)}{\mathrm{d}x^4} = 0, \quad \frac{\mathrm{d}^4 f_1(x)}{\mathrm{d}x^4} = 0$$

两个方程要求：

$$f(x) = Ax^3 + Bx^2 + Cx, \quad f_1(x) = Dx^3 + Ex^2 \tag{3-3}$$

$f(x)$ 中的常数项，$f_1(x)$ 中的常数项和一次项已略去，因为这三项在 $\varPhi$ 的表达式中成为 y 的一次项及常数项，不影响应力分量。得应力函数：

$$\varPhi = y(Ax^3 + Bx^2 + Cx) + (Dx^3 + Ex^2) \tag{3-4}$$

（4）由应力函数求应力分量。将式（3-4）代入，得应力分量：

$$\sigma_x = \frac{\partial^2 \varPhi}{\partial y^2} - f_x x = 0 \tag{3-5}$$

$$\sigma_y = \frac{\partial^2 \varPhi}{\partial x^2} - f_y y = 6Axy + 2By + 6Dx + 2E - \rho g y \tag{3-6}$$

$$\tau_{xy} = \frac{\partial^2 \varPhi}{\partial x \partial y} = -3Ax^2 - 2Bx - C \tag{3-7}$$

（5）考察边界条件。利用边界条件确定待定系数。

先来考察左右两边 $x=0$，b 的主要边界条件：

$$(\sigma_x)_{x=0, b} = 0, \quad (\tau_{xy})_{x=0} = 0, \quad (\tau_{xy})_{x=b} = q$$

将应力分量式（3-5）和式（3-7）代入，这些边界条件要求：

$$(\sigma_x)_{x=0, b} = 0, \quad 自然满足$$

$$(\tau_{xy})_{x=0} = -C = 0 \tag{3-8}$$

$$(\tau_{xy})_{x=b} = -3Ab^2 - 2Bb - C = q \tag{3-9}$$

现在来考虑次要边界 $y=0$ 的边界条件，应用圣维南原理，三个积分的应力边界条件为：

$$\int_0^b (\sigma_y)_{y=0} \mathrm{d}x = \int_0^b (6Dx + 2E) \mathrm{d}x = 3Db^2 + 2Eb = 0 \tag{3-10}$$

$$\int_0^b (\sigma_y)_{y=0} \left(x - \frac{b}{2}\right) \mathrm{d}x = \int_0^b (6Dx + 2E) \left(x - \frac{b}{2}\right) \mathrm{d}x = \frac{1}{2}Db^3 = 0 \tag{3-11}$$

$$\int_0^b (\tau_{yx})_{y=0} \mathrm{d}x = \int_0^b (-3Ax^2 - 2Bx - C) \mathrm{d}x = -Ab^3 - Bb^2 - Cb = 0 \tag{3-12}$$

由式（3-8）~式(3-12) 联立求解得：

$$C = D = E = 0, \quad B = \frac{q}{b}, \quad A = -\frac{q}{b^2}$$

可得应力分量为：

$$\begin{cases} \sigma_x = 0, \quad \sigma_y = 2q\dfrac{y}{b}\left(1 - 3\dfrac{x}{b}\right) - \rho g y \\[2mm] \tau_{xy} = q\dfrac{x}{b}\left(3\dfrac{y}{b} - 2\right) \end{cases}$$

下部分的边界条件，由圣维南原理可知满足平衡条件。

【例 3-5】设单位厚度的悬臂梁在左端受到集中力和力矩作用，体力可以不计，$l \gg h$，如图 3-5 所示，试用应力函数 $\Phi = Axy + By^2 + Cy^3 + Dxy^3$ 求解应力分量。

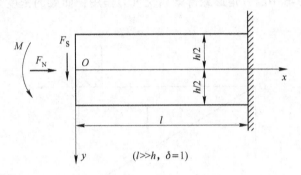

图 3-5　例 3-5 图

【解答】（1）相容方程：

将 $\Phi = Axy + By^2 + Cy^3 + Dxy^3$ 代入相容方程，显然满足。

（2）应力分量表达式：

$$\sigma_x = \frac{\partial^2 \Phi}{\partial y^2} = 2B + 6Cy + 6Dxy, \quad \sigma_y = \frac{\partial^2 \Phi}{\partial x^2} = 0, \quad \tau_{xy} = -\frac{\partial^2 \Phi}{\partial x \partial y} = -(A + 3Dy^2)$$

（3）考察边界条件。主要边界 $y = \pm h/2$ 上，应精确满足应力边界条件，

$$(\sigma_y)_{y = \pm h/2} = 0, \ \text{满足}$$

$$(\tau_{yx})_{y = \pm h/2} = 0, \ \text{得} \ A + \frac{3}{4}Dh^2 = 0 \tag{3-13}$$

在次要边界 $x = 0$ 上，只给出了面力的主矢量和主矩，应用圣维南原理，用三个积分的应力边界条件代替。注意 $x = 0$ 是负 x 面，由此得：

$$\int_{-h/2}^{h/2} (\sigma_x)_{x=0}\,\mathrm{d}y = -F_N, \ \text{得} \ B = -\frac{F_N}{2h}$$

$$\int_{-h/2}^{h/2} (\sigma_x)_{x=0}\,y\,\mathrm{d}y = -M, \ \text{得} \ C = -\frac{2M}{h^3}$$

$$\int_{-h/2}^{h/2} (\tau_{xy})_{x=0}\,\mathrm{d}y = -F_S, \ \text{得} \ Ah + \frac{1}{4}Dh^3 = F_S \tag{3-14}$$

72   3 平面问题的直角坐标解答（Cartesian Coordinate Solutions for Plane Problems）

由式（3-13）和式（3-14）解出：

$$A = -\frac{3F_S}{2h}, \quad D = -\frac{2F_S}{h^3}$$

最后一个次要边界条件（$x=l$上），在平衡微分方程和上述边界条件均已满足的条件下，是必然满足的，故不必再校核。代入应力公式，得：

$$\begin{cases} \sigma_x = -\dfrac{F_N}{h} - \dfrac{12M}{h^3}y - \dfrac{12F_S}{h^3}xy \\ \sigma_y = 0 \\ \tau_{xy} = -\dfrac{3F_S}{2h}\left(1 - 4\dfrac{y^2}{h^2}\right) \end{cases}$$

【例3-6】 设图3-6中的三角形悬臂梁只受重力作用，而梁的密度为ρ，试用纯三次式的应力函数求解。

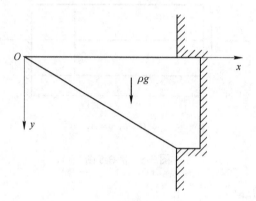

图3-6 例3-6图

【解答】（1）相容条件。

设
$$\Phi = Ax^3 + Bx^2y + Cxy^2 + Dy^3 \tag{3-15}$$

不论上式中的系数取何值，纯三次式的应力函数总能满足相容方程。

（2）体力分量$f_x = 0$，$f_y = \rho g$，由应力函数得应力分量的表达式：

$$\sigma_x = \frac{\partial^2 \Phi}{\partial y^2} - f_x x = 2Cx + 6Dy \tag{3-16}$$

$$\sigma_y = \frac{\partial^2 \Phi}{\partial x^2} - f_y y = 6Ax + 2By - \rho g y \tag{3-17}$$

$$\tau_{xy} = -\frac{\partial^2 \Phi}{\partial x \partial y} = -2Bx - 2Cy \tag{3-18}$$

（3）考察边界条件。利用边界条件确定待定系数。

先考察主要边界上边界$y=0$的边界条件：

$$(\sigma_y)_{y=0} = 0, \quad (\tau_{yx})_{y=0} = 0$$

将应力分量式（3-16）和式（3-17）代入，这些边界条件要求：

$$(\sigma_y)_{y=0} = 6Ax = 0, \quad (\tau_{xy})_{y=0} = -2Bx = 0$$

得 $A = 0$，$B = 0$。

式（3-16）~式(3-18) 成为：

$$\sigma_x = 2Cx + 6Dy \tag{3-19}$$

$$\sigma_y = -\rho gy \tag{3-20}$$

$$\tau_{xy} = -2Cy \tag{3-21}$$

根据斜边界的边界条件，它的边界线方程是 $y = x\tan\alpha$，在斜面上没有任何面力，即 $\bar{f}_x = \bar{f}_y = 0$，按照一般的应力边界条件，有：

$$\begin{cases} l(\sigma_x)_{y=x\tan\alpha} + m(\tau_{xy})_{y=x\tan\alpha} = 0 \\ m(\sigma_y)_{y=x\tan\alpha} + l(\tau_{xy})_{y=x\tan\alpha} = 0 \end{cases}$$

将式（3-19）~式(3-21) 代入，得：

$$l(2Cx + 6Dx\tan\alpha) + m(-2Cx\tan\alpha) = 0 \tag{3-22}$$

$$m(-\rho gx\tan\alpha) + l(-2Cx\tan\alpha) = 0 \tag{3-23}$$

由图 3-6 可见：

$$l = \cos(n,\ x) = \cos\left(\frac{\pi}{2} + \alpha\right) = -\sin\alpha$$

$$m = \cos(n,\ y) = \cos\alpha$$

代入式（3-22）、式(3-23) 求解 C 和 D，即得：

$$C = \frac{\rho g}{2}\cot\alpha,\ \ D = -\frac{\rho g}{3}\cot^2\alpha$$

将这些系数代入式（3-16）~式(3-18) 得应力分量的表达式：

$$\begin{cases} \sigma_x = \rho gx\cot\alpha - 2\rho g\cot^2\alpha \\ \sigma_y = -\rho gy \\ \tau_{xy} = -\rho gy\cot\alpha \end{cases}$$

【例 3-7】 如图 3-7 所示的悬臂梁，长度为 l，高度为 h，$l \gg h$，在上边界受均布荷载 q，试检验应力函数：

$$\Phi = Ay^5 + Bx^2y^3 + Cy^3 + Dx^2 + Ex^2y$$

能否成为此问题的解？如可以，试求出应力分量。

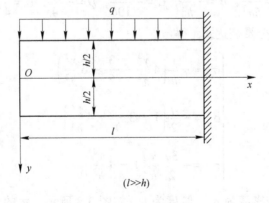

图 3-7　例 3-7 图

【解答】（1）相容条件。将 $\Phi = Ay^5 + Bx^2y^3 + Cy^3 + Dx^2 + Ex^2y$ 代入相容方程，得 $120Ay + 24By = 0$，若满足相容方程，有：

$$A = -\frac{1}{5}B \tag{3-24}$$

（2）应力分量表达式：

$$\sigma_x = \frac{\partial^2 \Phi}{\partial y^2} = 20Ay^3 - 30Ax^2y + 6Cy$$

$$\sigma_y = \frac{\partial^2 \Phi}{\partial x^2} = -10Ay^3 + 2D + 2Ey$$

$$\tau_{xy} = -\frac{\partial^2 \Phi}{\partial x \partial y} = 30Axy^2 - 2Ex$$

（3）考察边界条件。主要边界 $y = \pm h/2$ 上，应精确满足应力边界条件：

$$(\sigma_y)_{y=h/2} = 0, \ \text{得} \ -\frac{10}{8}Ah^3 + 2D + Eh = 0 \tag{3-25}$$

$$(\sigma_y)_{y=-h/2} = -q, \ \text{得} \ \frac{10}{8}Ah^3 + 2D - Eh = -q \tag{3-26}$$

$$(\tau_{xy})_{y=\pm h/2} = 0, \ \text{得} \ E - \frac{15}{4}Ah^2 = 0 \tag{3-27}$$

在次要边界 $x = 0$ 上，主矢和主矩都为零，应用圣维南原理，用三个积分的应力边界条件代替 $\int_{-h/2}^{h/2} (\sigma_x)_{x=0} \mathrm{d}y = 0$，满足条件；

$$\int_{-h/2}^{h/2} (\sigma_x)_{x=0} y \mathrm{d}y = 0, \ \text{得} \ \frac{Ah^5}{2} + Ch^3 = 0 \tag{3-28}$$

$\int_{-h/2}^{h/2} (\tau_{xy})_{x=0} \mathrm{d}y = 0$，满足。

联立求解式（3-24）~式(3-28)，得：

$$A = \frac{q}{5h^3}, \ B = -\frac{q}{h^3}, \ C = -\frac{q}{10h}, \ D = -\frac{q}{4}, \ E = \frac{3q}{4h}$$

将各系数代入应力分量表达式，得：

$$\begin{cases} \sigma_x = q\dfrac{y}{h}\left(4\dfrac{y^2}{h^2} - \dfrac{3}{5} - 6\dfrac{x^2}{h^2}\right) \\[2mm] \sigma_y = -\dfrac{q}{2}\left(1 - 3\dfrac{y}{h} + 4\dfrac{y^3}{h^3}\right) \\[2mm] \tau_{xy} = -\dfrac{3q}{2}\dfrac{x}{h}\left(1 - 4\dfrac{y^2}{h^2}\right) \end{cases}$$

【例 3-8】 挡水墙的密度为 ρ_1，厚度为 b，如图 3-8 所示，水的密度为 ρ_2，试求应力分量。

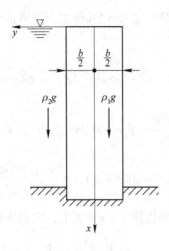

图 3-8 例 3-8 图

【解答】（1）假设应力分量的函数形式。因为在 $y = -b/2$ 边界上，$\sigma_y = 0$，$y = b/2$ 边界上，$\sigma_y = -\rho_2 g x$，所以可假设在区域内 σ_y 为：

$$\sigma_y = x f(y)$$

（2）推求应力函数形式。由 σ_y 推出 Φ 的形式，即：

$$\sigma_y = \frac{\partial^2 \Phi}{\partial x^2} = x f(y)$$

则

$$\frac{\partial \Phi}{\partial x} = \frac{x^2}{2} f(y) + f_1(y)$$

$$\Phi = \frac{x^3}{6} f(y) + x f_1(y) + f_2(y)$$

（3）由相容方程求应力函数。将 Φ 代入 $\nabla^4 \Phi = 0$，得：

$$\frac{x^3}{6} \frac{\mathrm{d}^4 f}{\mathrm{d} y^4} + x \frac{\mathrm{d}^4 f_1}{\mathrm{d} y^4} + \frac{\mathrm{d}^4 f_2}{\mathrm{d} y^4} + 2x \frac{\mathrm{d}^2 f}{\mathrm{d} y^2} = 0$$

要使上式在任意的 x 处都成立，要求：

$$\frac{\mathrm{d}^4 f}{\mathrm{d} y^4} = 0, \quad 得 f = A y^3 + B y^2 + C y + D$$

$$\frac{\mathrm{d}^4 f_1}{\mathrm{d} y^4} + 2 \frac{\mathrm{d}^2 f}{\mathrm{d} y^2} = 0, \quad 得 f_1 = -\frac{A}{10} y^5 - \frac{B}{6} y^4 + G y^3 + H y^2 + I y$$

$$\frac{\mathrm{d}^4 f_2}{\mathrm{d} y^4} = 0, \quad 得 f_2 = E y^3 + F y^2$$

代入 Φ 即得应力函数的解答，其中已略去了与应力无关的一次项。

（4）由应力函数求应力分量。将 Φ 代入公式，注意体力 $f_x = \rho_1 g$，$f_y = 0$，求得应力分量表达式。

$$\sigma_x = \frac{\partial^2 \Phi}{\partial y^2} - f_x x = x^3\left(Ay + \frac{B}{3}\right) + x(-2Ay^3 - 2By^2 + 6Gy + 2H) + (6Ey + 2F) - \rho_1 gx,$$

$$\sigma_y = \frac{\partial^2 \Phi}{\partial x^2} - f_y y = x(Ay^3 + By^2 + Cy + D)$$

$$\tau_{xy} = -\frac{\partial^2 \Phi}{\partial x \partial y} = -\frac{x^2}{2}(3Ay^2 + 2By + C) + \left(\frac{A}{2}y^4 + \frac{2B}{3}y^3 - 3Gy^2 - 2Hy - I\right)$$

（5）考察边界条件。在主要边界 $y = \pm b/2$ 上，应精确满足应力边界条件：

$$(\sigma_y)_{y=b/2} = -\rho_2 gx, \quad 得 \quad x\left(A\frac{b^3}{8} + B\frac{b^2}{4} + C\frac{b}{2} + D\right) = -\rho_2 gx \tag{3-29}$$

$$(\sigma_y)_{y=-b/2} = 0, \quad 得 \quad x\left(-A\frac{b^3}{8} + B\frac{b^2}{4} - C\frac{b}{2} + D\right) = 0 \tag{3-30}$$

$$(\tau_{yx})_{y=\pm b/2} = 0, \quad 得 \quad -\frac{x^2}{2}\left(A\frac{3b^2}{4} \pm Bb + C\right) + \left(A\frac{b^4}{32} \pm B\frac{b^3}{12} - G\frac{3b^2}{4} \mp Hb - I\right) = 0$$

由上式得到

$$A\frac{3b^2}{4} \pm Bb + C = 0 \tag{3-31, 3-32}$$

$$A\frac{b^4}{32} \pm B\frac{b^3}{12} - G\frac{3b^2}{4} \mp Hb - I = 0 \tag{3-33, 3-34}$$

求解各系数，由

式（3-29）+式（3-30）得 $\quad B\frac{b^2}{4} + D = -\frac{1}{2}\rho_2 g$

式（3-29）−式（3-30）得 $\quad A\frac{b^2}{8} + C\frac{b}{2} = -\frac{1}{2}\rho_2 g$

式（3-31）+式（3-32）得 $\quad B = 0$，所以 $D = -\frac{1}{2}\rho_2 g$

式（3-31）−式（3-32）得 $\quad A\frac{3b^2}{4} + C = 0$

由此得：

$$A = \frac{2}{b^3}\rho_2 g, \quad C = -\frac{3}{2b}\rho_2 g$$

又有

式（3-33）-式（3-34）得 $H = 0$

式（3-33）+式（3-34）得 $A\dfrac{b^4}{32} - G\dfrac{3b^2}{4} - I = 0$

A 代入，得：

$$I = \frac{b}{16}\rho_2 g - \frac{3b^2}{4}G \tag{3-35}$$

在次要边界 $x = 0$ 上，列出三个积分的应力边界条件：

$$\int_{-b/2}^{b/2}(\sigma_x)_{x=0}\,\mathrm{d}y = 0, \ 得\ F = 0$$

$$\int_{-b/2}^{b/2}(\sigma_x)_{x=0}y\,\mathrm{d}y = 0, \ 得\ E = 0$$

$$\int_{-b/2}^{b/2}(\tau_{xy})_{x=0}\,\mathrm{d}y = 0, \ 得\ I = \frac{b}{80}\rho_2 g - \frac{b^2}{4}G \tag{3-36}$$

由式（3-35）、式（3-36）解出：

$$I = \frac{b}{80}\rho_2 g, \ \ G = \frac{1}{10b}\rho_2 g$$

将各系数代入应力分量的表达式，得：

$$\begin{cases}\sigma_x = \dfrac{2\rho_2 g}{b^3}x^3 y + \dfrac{3\rho_2 g}{5b}xy - \dfrac{4\rho_2 g}{b^3}xy^3 - \rho_1 gx \\[3mm] \sigma_y = \rho_2 gx\left(2\dfrac{y^3}{b^3} - \dfrac{3y}{2b} - \dfrac{1}{2}\right) \\[3mm] \tau_{xy} = -\rho_2 gx^2\left(3\dfrac{y^2}{b^3} - \dfrac{3}{4b}\right) - \rho_2 gy\left(-\dfrac{y^3}{b^3} + \dfrac{3y}{10b} - \dfrac{b}{80y}\right)\end{cases}$$

【例 3-9】 图 3-9（a）所示三角形悬梁臂只受重力作用，梁的密度为 ρ，试求该梁的应力分量。

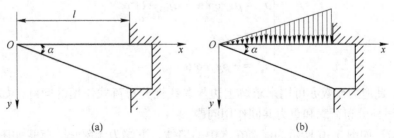

(a)   (b)

图 3-9 例 3-9 图

【解答】（1）通过量纲分析选择应力函数。物体内任意一点的应力分量应当与重力成正比，还与 α、x、y 有关。由于应力的因次是［力］［长度］$^{-2}$，α 是无因次的量，x、y 的因次是［长度］，因此如果应力分量具有多项式解答，那么它们的表达式只可能是 $a\rho gx$、$b\rho gx$ 两种项的组合，而 a、b 是只与 α 有关的无因次量。这就是说，各应力分量表达式只可能是 x 和 y 的纯一次式，而应力函数应该是 x 和 y 的纯三次式。因此，假设应力函数为：$\varphi = Ax^3 + Bx^2y + Cxy^2 + Dy^3$，不难验证它满足相容方程。

（2）由式 $\begin{cases} \sigma_x = \dfrac{\partial^2 \varphi}{\partial y^2} \\[2mm] \sigma_y = \dfrac{\partial^2 \varphi}{\partial x^2} \\[2mm] \tau_{xy} = -\dfrac{\partial^2 \varphi}{\partial x \partial y} \end{cases}$　得应力分量：

$$\begin{cases} \sigma_x = \dfrac{\partial^2 \varphi}{\partial y^2} - Xx = 2Cx + 6Dy \\[2mm] \sigma_y = \dfrac{\partial^2 \varphi}{\partial x^2} - Yy = 6Ax + 2By - \rho gy \\[2mm] \tau_{xy} = -\dfrac{\partial^2 \varphi}{\partial x \partial y} = -2Bx - 2Cy \end{cases}$$

（3）利用边界条件确定待定常数。

上边界：$(\sigma_y)_{y=0} = 0$，即 $6Ax = 0$，得 $A = 0$；$(\tau_{xy})_{y=0} = 0$，即 $-2Bx = 0$，得 $B = 0$。

$$l = \cos(90° + \alpha) = -\sin\alpha, \ m = \cos\alpha$$

斜面上：$\begin{cases} -\sin\alpha\sigma_x + \cos\alpha\tau_{xy} = 0 \\ -\sin\alpha\tau_{xy} + \cos\alpha\sigma_y = 0 \end{cases}$

解得：$$C = \dfrac{\rho g}{2}\cot\alpha, \ D = -\dfrac{\rho g}{3}\cot^2\alpha$$

（4）应力解答为：

$$\begin{cases} \sigma_x = \rho gx\cot\alpha - 2\rho gy\cot^2\alpha \\ \sigma_y = -\rho gy \\ \tau_{xy} = -\rho gy\cot\alpha \end{cases}$$

【分析】此应力函数亦可用来求解上边界受线性分布荷载作用的问题，如图 3-9（b）所示，以及线性分布荷载和重力共同作用问题。

【例 3-10】如图 3-10 所示为建造在水中的墙体，下端为无限长，荷载如图 3-10 所示，虚线表示作用在墙体的侧向力的位置。水的容重为 γ（不计体力），试求墙体的应力分量。

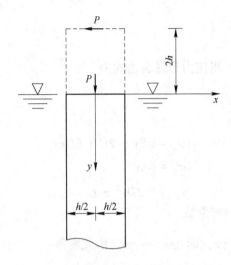

图 3-10 例 3-10 图

【解答】（1）取出高度为 H 的一段墙体研究，其受力图如图 3-11（a）所示，它又可分解为图 3-11（b）、图 3-11（c）、图 3-11（d）三种情况，图 3-11（b）所对应的应力函数是：

$$\varphi_1 = Ax^3 + By^3$$

图 3-11（c）所对应的应力函数是：

$$\varphi_2 = Cy^2$$

图 3-11（d）所对应的应力函数是：

$$\varphi_3 = Dxy^3 + Exy$$

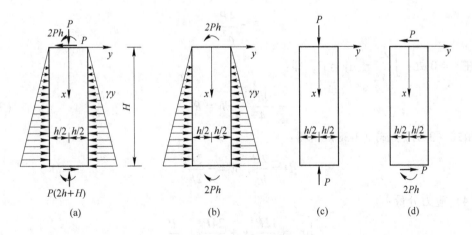

图 3-11 例 3-10 解答图

所以该问题的应力函数可取为：

$$\varphi = \varphi_1 + \varphi_2 + \varphi_3 = Ax^3 + By^3 + Cy^2 + Dxy^3 + Exy$$

（2）由式 $\begin{cases} \sigma_x = \dfrac{\partial^2 \varphi}{\partial y^2} \\[2mm] \sigma_y = \dfrac{\partial^2 \varphi}{\partial x^2} \\[2mm] \tau_{xy} = -\dfrac{\partial^2 \varphi}{\partial x \partial y} \end{cases}$ 得应力分量表达式为：

$$\begin{cases} \sigma_x = 6By + 2C + 6Dxy \\ \sigma_y = 6Ax \\ \tau_{xy} = -3Dy^2 - E \end{cases}$$

（3）由边界条件确定待定常数。

在 $y = \pm \dfrac{h}{2}$ 处：$\sigma_y = -\gamma x$，即 $6Ax = -\gamma x$，由此解得：

$$A = -\frac{\gamma}{6}$$

在 $y = \pm \dfrac{h}{2}$ 处：$\tau_{xy} = 0$，即 $-E - 3D\dfrac{h^2}{4} = 0$，由此解得：

$$E = -\frac{3}{4}Dh^2 \tag{3-37}$$

在 $x = 0$ 处：$\displaystyle\int_{-h/2}^{h/2} \sigma_x \mathrm{d}y = -P$，即 $2Ch = -P$，由此解得：

$$C = -\frac{P}{2h}$$

在 $x = 0$ 处：$\displaystyle\int_{-h/2}^{h/2} \sigma_x y \mathrm{d}y = 2Ph$，即 $\dfrac{Bh^3}{2} = 2Ph$，由此解得：

$$B = \frac{4P}{h^2}$$

在 $x = 0$ 处：$\displaystyle\int_{-h/2}^{h/2} \tau_{xy} \mathrm{d}y = P$，即：

$$-\frac{Dh^3}{4} - Eh = P \tag{3-38}$$

由式（3-37）、式（3-38）解得：

$$D = \frac{2P}{h^3}, \ E = -\frac{3P}{2h}$$

（4）应力分量：

$$\begin{cases} \sigma_x = \dfrac{12P}{h^3}xy + \dfrac{24P}{h^2}x - \dfrac{P}{h} \\[2mm] \sigma_y = -\gamma x \\[2mm] \tau_{xy} = -\dfrac{6P}{h^3}y^2 + \dfrac{3P}{2h} \end{cases}$$

【**例 3-11**】设有矩形截面的长竖柱，密度为 ρ，在一边侧面上受均布剪力 q，如图 3-12 所示，试求应力分量。

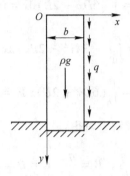

图 3-12 例 3-11 图

【**解答**】（1）应力分析。在主要边界（$x=0$，$x=b$）上，有：
$$(\sigma_x)_{x=0} = 0, \; (\tau_{xy})_{x=0} = 0, \; (\sigma_x)_{x=b} = 0, \; (\tau_{xy})_{x=l} = q$$
可以看出，$\sigma_x = 0$ 在左右边界均成立。

（2）求应力函数形式。由 $\sigma_x = \dfrac{\partial^2 \Phi}{\partial y^2}$ 得应力函数基本形式为：
$$\Phi = f_1(x)y + f_2(x)$$

（3）求应力分量：
$$\frac{\partial^4 \Phi}{\partial x^4} = f_1^{(4)}(x)y + f_2^{(4)}(x) \tag{3-39}$$

$$\frac{\partial^4 \Phi}{\partial x^2 \partial y^2} = \frac{\partial^4 \Phi}{\partial y^4} = 0 \tag{3-40}$$

由于式（3-39）对任意的 x、y 均成立，则有：
$$f_1^{(4)}(x) = f_2^{(4)}(x) = 0$$

从而求得 $f_1(x) = Ax^3 + Bx^2 + Cx$，$f_2(x) = Dx^3 + Ex^2$。则应力函数为：
$$\Phi = (Ax^3 + Bx^2 + Cx)y + Dx^3 + Ex^2$$

求得各应力分量为：
$$\begin{cases} \sigma_x = \dfrac{\partial^2 \Phi}{\partial y^2} - f_x x = 0 \\[2mm] \sigma_y = \dfrac{\partial^2 \Phi}{\partial x^2} - f_y y = 6Axy + 2By + 6Dx + 2E - \rho gy \\[2mm] \tau_{xy} = -\dfrac{\partial^2 \Phi}{\partial x \partial y} = -3Ax^2 - 2Bx - C \end{cases}$$

（4）考虑边界条件。在主要边界（$x=0$，$x=b$）上，有：
$$(\sigma_x)_{x=0,\,b} = 0 \,(满足)$$

$$(\tau_{xy})_{x=0} = -C = 0, \; 得 \; C = 0 \tag{3-41}$$

$$(\tau_{xy})_{x=b} = -3Ab^2 - 2Bb = q \tag{3-42}$$

在小边界 $(y=0)$ 上，因 σ_y、τ_{xy} 不恒等于零，根据圣维南原理，有：

$$F_N = \int_0^b (\sigma_y)_{y=0}\,\mathrm{d}x = \int_0^b (6Dx + 2E)\,\mathrm{d}x = 0, \ \text{得}\ 3Db + 2E = 0 \qquad (3\text{-}43)$$

$$F_S = \int_0^b (\tau_{xy})_{y=0}\,\mathrm{d}x = \int_0^b (-3Ax^2 - 2Bx)\,\mathrm{d}x = 0, \ \text{得}\ Ab + B = 0 \qquad (3\text{-}44)$$

$$M = \int_0^b (\sigma_y)_{y=0}x\,\mathrm{d}x = \int_0^b (6Dx + 2E)x\,\mathrm{d}x = 0, \ \text{得}\ 2Db + E = 0 \qquad (3\text{-}45)$$

联立式（3-41）~式（3-45）求解，可得：

$$A = -\frac{q}{b^2}, \ B = \frac{q}{b}, \ C = D = E = 0$$

从而可以求得应力分量为：

$$\sigma_x = 0, \ \sigma_y = -\frac{6q}{b^2}xy + \frac{2q}{b}y - \rho g y, \ \tau_{xy} = \frac{3q}{b^2}x^2 - \frac{2qx}{b}$$

【**Example 3-1**】 For the rectangular plate shown in Figure 3-1, if the stress function $\varphi = b_2 xy$ is selected, try to determine the surface force of each boundary (body force is not counted).

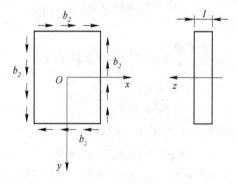

Figure 3-1　Example 3-1

【**Answer**】 The stress function $\varphi = b_2 xy$ satisfies the compatibility equation $\dfrac{\partial^4 \varphi}{\partial x^4} + 2\dfrac{\partial^4 \varphi}{\partial x^2 \partial y^2} + \dfrac{\partial^4 \varphi}{\partial y^4} = 0$, and its stress component can be obtained by formula $\sigma_x = \dfrac{\partial^2 \varphi}{\partial y^2}$, $\sigma_y = \dfrac{\partial^2 \varphi}{\partial x^2}$, $\tau_{xy} = \dfrac{\partial^2 \varphi}{\partial x \partial y}$.

$$\sigma_x = \frac{\partial^2 \varphi}{\partial y^2} = 0, \ \sigma_y = \frac{\partial^2 \varphi}{\partial x^2} = 0, \ \tau_{xy} = -\frac{\partial^2 \varphi}{\partial x \partial y} = -b_2$$

The boundary force is shown in Figure 3-1, which corresponds to a pure shear pure stress state.

【**Example 3-2**】 For the rectangular plate with unit thickness shown in Figure 3-2, if the quartic function $\varphi = a_4 x^4 + e_4 y^4$ is selected, first check whether this function can be used as a stress function, and if so, try to determine the surface force of each boundary (body force is not counted).

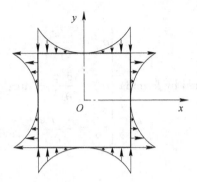

Figure 3-2   Example 3-2

【**Answer**】Substituting $\varphi = a_4 x^4 + e_4 y^4$ into the compatibility equation $\dfrac{\partial^4 \varphi}{\partial x^4} + 2\dfrac{\partial^4 \varphi}{\partial x^2 \partial y^2} + \dfrac{\partial^4 \varphi}{\partial y^4} = 0$, we have

$$24a_4 + 24e_4 = 0$$

If $e_4 > 0$, $a_4 < 0$, $a_4 = -e_4$ can be obtained, and then the stress component can be obtained from the formula $\sigma_x = \dfrac{\partial^2 \varphi}{\partial y^2}$, $\sigma_y = \dfrac{\partial^2 \varphi}{\partial x^2}$, $\tau_{xy} = -\dfrac{\partial^2 \varphi}{\partial x \partial y}$.

$$\sigma_x = \dfrac{\partial^2 \varphi}{\partial y^2} = 12e_4 y^2, \quad \sigma_y = \dfrac{\partial^2 \varphi}{\partial x^2} = 12a_4 x^2, \quad \tau_{xy} = -\dfrac{\partial^2 \varphi}{\partial x \partial y} = 0$$

It can be known that the surface force acting on each boundary of the rectangular plate is parabolically distributed, as shown in Figure 3-2.

【**Example 3-3**】Test whether the function $\varphi = \dfrac{2kxy^3}{h^3} - \dfrac{3kxy}{2h}$ can be used as a stress function. If so, try to find the stress component (excluding body force) and indicate what problem this stress function can solve for the rectangular plate shown in Figure 3-3.

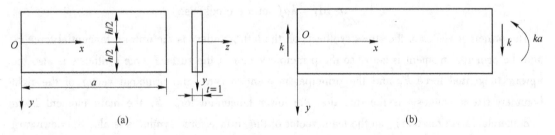

Figure 3-3   Example 3-3

【**Answer**】(1) Test function.

Because $\dfrac{\partial^4 \varphi}{\partial x^4} = 0$, $\dfrac{\partial^4 \varphi}{\partial x^2 \partial y^2} = 0$, $\dfrac{\partial^4 \varphi}{\partial y^4} = 0$ is substituted into the compatibility equation, the compatibility equation is satisfied, so this function can be used as a stress function.

（2）Stress component.

The stress components obtained by formula $\begin{cases} \sigma_x = \dfrac{\partial^2 \varphi}{\partial y^2} \\[2mm] \sigma_y = \dfrac{\partial^2 \varphi}{\partial x^2} \\[2mm] \tau_{xy} = -\dfrac{\partial^2 \varphi}{\partial x \partial y} \end{cases}$ are：$\sigma_x = \dfrac{12kxy}{h^3}$，$\sigma_y = 0$，$\tau_{xy} = $

$-\dfrac{6ky^2}{h^2} + \dfrac{3k}{2h}$.

（3）Boundary force.

According to the stress boundary condition formula $\sigma_x = \pm \overline{X}$，$\tau_{xy} = \pm \overline{Y}$（when S_σ is parallel to the y-axis）or $\sigma_x = \pm \overline{Y}$，$\tau_{xy} = \pm \overline{X}$（when S_σ is parallel to the x-axis），the corresponding boundary force is obtained.

On the upper and lower boundaries：$l=0$，$m=\pm 1$ gives $\overline{X}=\overline{Y}=0$.

Principal vectors and principal moments of stress synthesis at the left boundary （$x=0$）：

$$\int_{-h/2}^{h/2} \sigma_x dy = 0$$

$$\int_{-h/2}^{h/2} \sigma_x y dy = 0$$

$$\int_{-h/2}^{h/2} \tau_{xy} dy = k = -\overline{Y}(\text{up})$$

Principal vectors and principal moments of stress synthesis at the right boundary （$x=a$）：

$$\int_{-h/2}^{h/2} \sigma_x dy = 0$$

$$\int_{-h/2}^{h/2} \tau_{xy} dy = k = \overline{Y}$$

$$\int_{-h/2}^{h/2} \sigma_x y dy = ka(\text{counterclockwise})$$

The principal vector of the stress synthesis on the left boundary is the upward tangential force k, and the principal moment is zero, so the principal vector of the surface force synthesis is also the upward tangential force k, and the principal moment is zero; the principal vector of the right boundary stress synthesis is the direction the lower tangential force k, the main moment is ka （counterclockwise rotation）, so the main vector of the surface force synthesis is also the downward tangential force k, the main moment is ka （counterclockwise rotation）, as shown in Figure 3-3 （b）shown.

（4）This stress function can solve the problem that the left end of the cantilever beam is subjected to the upward concentrated force.

【Analysis】Static equivalent boundary conditions can be established at the beam end （a small part of the boundary）. When the principal vector of the stress synthesis is consistent with the principal vector of the external force, take a positive sign, otherwise, take a negative sign; when the direction of the moment generated by the positive stress of the y-axis to the coordinate origin is consistent with the direction of the principal moment of the external force, take a positive sign, otherwise, take a negative sign.

【**Example 3-4**】 A long vertical column with a rectangular section, the density is ρ, is subjected to a uniform shear force q on one side, as shown in Figure 3-4, try to find the stress component.

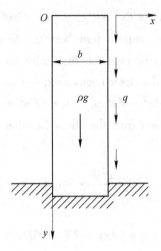

Figure 3-4　Example 3-4

【**Answer**】 Use the semi-inverse solution method to solve. Because in the basic formula of material mechanical bending, it is assumed that the material conforms to the simple Hooke's law, so it can be considered that there is no extrusion between the longitudinal fibers of the vertical column with rectangular cross-section, that is, $\sigma_x = 0$.

(1) Assume the functional form of the stress components.

$$\sigma_x = 0$$

(2) Calculate the form of the stress function. At this time, the physical strength is $f_x = 0$, $f_y = \rho g$. Substituting $\sigma_x = 0$ into the stress formula has:

$$\frac{\partial^2 \Phi}{\partial y^2} = 0$$

Integrating x, we get:

$$\frac{\partial \Phi}{\partial y} = f(x) \tag{3-1}$$

$$\Phi = yf(x) + f_1(x) \tag{3-2}$$

$f(x)$, $f_1(x)$ are both undetermined functions of x.

(3) Solve the stress function by the compatibility equation. Substituting equation (3-2) into the compatibility equation, we get:

$$y\frac{\mathrm{d}^4 f(x)}{\mathrm{d}x^4} + \frac{\mathrm{d}^4 f_1(x)}{\mathrm{d}x^4} = 0$$

This is a first-order equation of y. The compatibility equation requires that it has an infinite number of roots (the y values in the full vertical column should satisfy it), and it can be seen that its coefficients and free terms must be equal to zero.

$$\frac{\mathrm{d}^4 f(x)}{\mathrm{d}x^4} = 0, \quad \frac{\mathrm{d}^4 f_1(x)}{\mathrm{d}x^4} = 0$$

Both equations require:

$$f(x) = Ax^3 + Bx^2 + Cx, \quad f_1(x) = Dx^3 + Ex^2 \tag{3-3}$$

The constant term in $f(x)$, the constant term and the first-order term in $f_1(x)$ have been omitted, because these three terms become the first-order term and constant term of y in the expression of Φ, and do not affect the stress component. Get stress function:

$$\Phi = y(Ax^3 + Bx^2 + Cx) + (Dx^3 + Ex^2) \tag{3-4}$$

(4) Calculate the stress component from the stress function. Substitute into formula (3-4) to get the stress component:

$$\sigma_x = \frac{\partial^2 \Phi}{\partial y^2} - f_x x = 0 \tag{3-5}$$

$$\sigma_y = \frac{\partial^2 \Phi}{\partial x^2} - f_y y = 6Axy + 2By + 6Dx + 2E - \rho gy \tag{3-6}$$

$$\tau_{xy} = \frac{\partial^2 \Phi}{\partial x \partial y} = -3Ax^2 - 2Bx - C \tag{3-7}$$

(5) Check the boundary conditions. Use boundary conditions to determine undetermined coefficients.

Let's first examine the main boundary conditions of $x = 0$, b on the left and right sides:

$$(\sigma_x)_{x=0,\,b} = 0, \quad (\tau_{xy})_{x=0} = 0, \quad (\tau_{xy})_{x=b} = q$$

Substitute the stress component equations (3-5) and (3-7), these boundary conditions require:

$$(\sigma_x)_{x=0,\,b} = 0, \quad \text{naturally satisfied}$$

$$(\tau_{xy})_{x=0} = -C = 0 \tag{3-8}$$

$$(\tau_{xy})_{x=b} = -3Ab^2 - 2Bb - C = q \tag{3-9}$$

Now consider the boundary conditions for the secondary boundary $y = 0$ applying Saint-Venant's principle, the stress boundary conditions for the three integrals are:

$$\int_0^b (\sigma_y)_{y=0}\mathrm{d}x = \int_0^b (6Dx + 2E)\,\mathrm{d}x = 3Db^2 + 2Eb = 0 \tag{3-10}$$

$$\int_0^b (\sigma_y)_{y=0}\left(x - \frac{b}{2}\right)\mathrm{d}x = \int_0^b (6Dx + 2E)\left(x - \frac{b}{2}\right)\mathrm{d}x = \frac{1}{2}Db^3 = 0 \tag{3-11}$$

$$\int_0^b (\tau_{yx})_{y=0}\mathrm{d}x = \int_0^b (-3Ax^2 - 2Bx - C)\,\mathrm{d}x = -Ab^3 - Bb^2 - Cb = 0 \tag{3-12}$$

Solve the equations (3-8) ~ (3-12) simultaneously to get:

$$C = D = E = 0, \quad B = \frac{q}{b}, \quad A = -\frac{q}{b^2}$$

The available stress component is：

$$\begin{cases} \sigma_x = 0, \quad \sigma_y = 2q \dfrac{y}{b}\left(1 - 3\dfrac{x}{b}\right) - \rho g y \\[3mm] \tau_{xy} = q \dfrac{x}{b}\left(3\dfrac{y}{b} - 2\right) \end{cases}$$

The boundary conditions of the lower part, according to Saint-Venant's principle, satisfy the equilibrium condition.

【Example 3-5】 Assume that a cantilever beam of unit thickness is subjected to concentrated force and moment at the left end, and the body force can be ignored, $l \gg h$, as shown in Figure 3-5, try the stress function $\Phi = Axy + By^2 + Cy^3 + Dxy^3$ to solve the stress component.

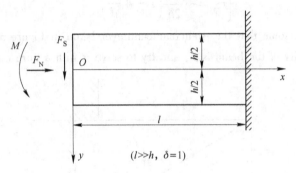

Figure 3-5 Example 3-5

【Answer】 (1) Compatibility equation：
Substitute $\Phi = Axy + By^2 + Cy^3 + Dxy^3$ into the compatibility equation, it is obviously satisfied.
(2) Expression of stress component：

$$\sigma_x = \frac{\partial^2 \Phi}{\partial y^2} = 2B + 6Cy + 6Dxy, \quad \sigma_y = \frac{\partial^2 \Phi}{\partial x^2} = 0, \quad \tau_{xy} = -\frac{\partial^2 \Phi}{\partial x \partial y} = -(A + 3Dy^2)$$

(3) Check the boundary conditions：on the main boundary condition $y = \pm h/2$, the stress boundary conditions should be exactly satisfied,

$$(\sigma_y)_{y = \pm h/2} = 0, \quad \text{satisfied}$$

$$(\tau_{yx})_{y = \pm h/2} = 0, \quad \text{get } A + \frac{3}{4}Dh^2 = 0 \tag{3-13}$$

On the secondary boundary $x = 0$, only the principal vector and principal moment of the surface force are given, and the St. Venant's principle is applied and replaced by the stress boundary condition of three integrals. Note that $x = 0$ is the negative x side, so we get：

$$\int_{-h/2}^{h/2} (\sigma_x)_{x=0} \mathrm{d}y = -F_\mathrm{N}, \quad 得 B = -\frac{F_\mathrm{N}}{2h}$$

$$\int_{-h/2}^{h/2} (\sigma_x)_{x=0} y\,\mathrm{d}y = -M, \quad 得 C = -\frac{2M}{h^3}$$

$$\int_{-h/2}^{h/2} (\tau_{xy})_{x=0} \mathrm{d}y = - F_S, \quad 得 \; Ah + \frac{1}{4}Dh^3 = F_S \tag{3-14}$$

Solved by formulas (3-13) and (3-14):

$$A = -\frac{3F_S}{2h}, \quad D = -\frac{2F_S}{h^3}$$

The last secondary boundary ($x = l$) is necessarily satisfied under the condition that the equilibrium differential equation and the above boundary conditions are satisfied, so there is no need to check again. Substituting into the stress formula, we get:

$$\begin{cases} \sigma_x = -\dfrac{F_N}{h} - \dfrac{12M}{h^3}y - \dfrac{12F_S}{h^3}xy \\[2mm] \sigma_y = 0 \\[2mm] \tau_{xy} = -\dfrac{3F_S}{2h}\left(1 - 4\dfrac{y^2}{h^2}\right) \end{cases}$$

【Example 3-6】 Assume that the triangular cantilever beam in Figure 3-6 is only affected by gravity, and the density of the beam is ρ, and try to solve it with a pure cubic stress function.

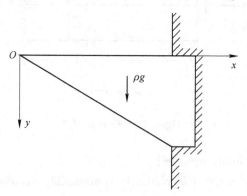

Figure 3-6   Example 3-6

【Answer】 (1) Compatibility conditions:

Assume $$\Phi = Ax^3 + Bx^2y + Cxy^2 + Dy^3 \tag{3-15}$$

Regardless of the value of the coefficients in the above formula, the stress function of pure cubic can always satisfy the compatibility equation.

(2) The body force component $f_x = 0$, $f_y = \rho g$ is the expression of the stress component obtained from the stress function:

$$\sigma_x = \frac{\partial^2 \Phi}{\partial y^2} - f_x x = 2Cx + 6Dy \tag{3-16}$$

$$\sigma_y = \frac{\partial^2 \Phi}{\partial x^2} - f_y y = 6Ax + 2By - \rho gy \tag{3-17}$$

$$\tau_{xy} = -\frac{\partial^2 \Phi}{\partial x \partial y} = -2Bx - 2Cy \tag{3-18}$$

(3) Investigate boundary conditions. Use boundary conditions to determine undetermined coefficients.

First examine the boundary conditions of the upper boundary $y = 0$ on the main boundary:

$$(\sigma_y)_{y=0} = 0, \quad (\tau_{yx})_{y=0} = 0$$

Substitute the stress components into equations (3-16) and (3-17), these boundary conditions require:

$$(\sigma_y)_{y=0} = 6Ax = 0, \quad (\tau_{xy})_{y=0} = -2Bx = 0$$

get $A = 0$, $B = 0$.

Formulas (3-16) ~ (3-18) become:

$$\sigma_x = 2Cx + 6Dy \tag{3-19}$$

$$\sigma_y = -\rho gy \tag{3-20}$$

$$\tau_{xy} = -2Cy \tag{3-21}$$

According to the boundary conditions of the inclined boundary, its boundary line equation is $y = x\tan\alpha$, and there is no surface force on the inclined surface, that is, $\bar{f}_x = \bar{f}_y = 0$. According to the general stress boundary conditions, we have:

$$\begin{cases} l(\sigma_x)_{y=x\tan\alpha} + m(\tau_{xy})_{y=x\tan\alpha} = 0 \\ m(\sigma_y)_{y=x\tan\alpha} + l(\tau_{xy})_{y=x\tan\alpha} = 0 \end{cases}$$

Substitute into formulas (3-19) ~ (3-21), we get:

$$l(2Cx + 6Dx\tan\alpha) + m(-2Cx\tan\alpha) = 0 \tag{3-22}$$

$$m(-\rho gx\tan\alpha) + l(-2Cx\tan\alpha) = 0 \tag{3-23}$$

as illustrated Figure 3-6:

$$l = \cos(n, x) = \cos\left(\frac{\pi}{2} + \alpha\right) = -\sin\alpha$$

$$m = \cos(n, y) = \cos\alpha$$

Substitute into equations (3-22) and (3-23) to solve C and D, we get:

$$C = \frac{\rho g}{2}\cot\alpha, \quad D = -\frac{\rho g}{3}\cot^2\alpha$$

Substitute these coefficients into equations (3-16) ~ (3-18) to obtain expressions for stress components:

$$\begin{cases} \sigma_x = \rho gx\cot\alpha - 2\rho g\cot^2\alpha \\ \sigma_y = -\rho gy \\ \tau_{xy} = -\rho gy\cot\alpha \end{cases}$$

【Example 3-7】 The cantilever beam shown in Figure 3-7, with length l, height h, $l \gg h$, is subjected to a uniform load q on the upper boundary, and the stress function is tested:

$$\Phi = Ay^5 + Bx^2y^3 + Cy^3 + Dx^2 + Ex^2y$$

Can it be the solution to this problem. If possible, try to find the stress components.

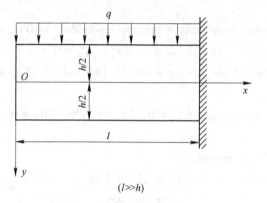

Figure 3-7　Example 3-7

【Answer】 (1) Compatibility equation: Substitute $\Phi = Ay^5 + Bx^2y^3 + Cy^3 + Dx^2 + Ex^2y$ into the compatibility equation to get $120Ay + 24By = 0$. If the compatibility equation is satisfied, we have:

$$A = -\frac{1}{5}B \tag{3-24}$$

(2) Expression of stress component:

$$\sigma_x = \frac{\partial^2 \Phi}{\partial y^2} = 20Ay^3 - 30Ax^2y + 6Cy$$

$$\sigma_y = \frac{\partial^2 \Phi}{\partial x^2} = -10Ay^3 + 2D + 2Ey$$

$$\tau_{xy} = -\frac{\partial^2 \Phi}{\partial x \partial y} = 30Axy^2 - 2Ex$$

(3) Check the boundary conditions. On the main boundary $y = \pm h/2$, the stress boundary conditions should be exactly satisfied:

$$(\sigma_y)_{y=h/2} = 0, \text{ get } -\frac{10}{8}Ah^3 + 2D + Eh = 0 \tag{3-25}$$

$$(\sigma_y)_{y=-h/2} = -q, \text{ get } \frac{10}{8}Ah^3 + 2D - Eh = -q \tag{3-26}$$

$$(\tau_{xy})_{y=\pm h/2} = 0, \text{ get } E - \frac{15}{4}Ah^2 = 0 \tag{3-27}$$

At the secondary boundary $x = 0$, the principal vectors and principal moments are both zero, applying Saint-Venant's principle and replacing the stress boundary condition with three integrals:
$\int_{-h/2}^{h/2} (\sigma_x)_{x=0} dy = 0$, satisfies the conditions;

$$\int_{-h/2}^{h/2} (\sigma_x)_{x=0} y dy = 0, \text{ get } \frac{Ah^5}{2} + Ch^3 = 0 \tag{3-28}$$

$$\int_{-h/2}^{h/2} (\tau_{xy})_{x=0} \mathrm{d}y = 0, \text{ satisfies the conditions.}$$

Combining equations (3-24) ~ (3-28), we get:

$$A = \frac{q}{5h^3}, \quad B = -\frac{q}{h^3}, \quad C = -\frac{q}{10h}, \quad D = -\frac{q}{4}, \quad E = \frac{3q}{4h}$$

Substituting the coefficients into the stress component expression, we get:

$$\begin{cases} \sigma_x = q\dfrac{y}{h}\left(4\dfrac{y^2}{h^2} - \dfrac{3}{5} - 6\dfrac{x^2}{h^2}\right) \\[3mm] \sigma_y = -\dfrac{q}{2}\left(1 - 3\dfrac{y}{h} + 4\dfrac{y^3}{h^3}\right) \\[3mm] \tau_{xy} = -\dfrac{3q}{2}\dfrac{x}{h}\left(1 - 4\dfrac{y^2}{h^2}\right) \end{cases}$$

【**Example 3-8**】 The density of the retaining wall is ρ_1, the thickness is b, as shown in Figure 3-8, the density of water is ρ_2, try to find the stress component.

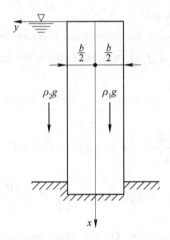

Figure 3-8   Example 3-8

【**Answer**】 (1) Assume the functional form of the stress component. Since on the $y = -b/2$ boundary, $\sigma_y = 0$; on the $y = b/2$ boundary, $\sigma_y = -\rho_2 gx$, it can be assumed that in the region σ_y is:

$$\sigma_y = xf(y)$$

(2) Infer the form of the stress function. Derived from the form of Φ:

$$\sigma_y = \frac{\partial^2 \Phi}{\partial x^2} = xf(y)$$

then

$$\frac{\partial \Phi}{\partial x} = \frac{x^2}{2}f(y) + f_1(y)$$

$$\Phi = \frac{x^3}{6}f(y) + xf_1(y) + f_2(y)$$

（3）Calculate the stress function from the compatibility equation. Substituting Φ into $\nabla^4\Phi=0$, we get:

$$\frac{x^3}{6}\frac{d^4f}{dy^4} + x\frac{d^4f_1}{dy^4} + \frac{d^4f_2}{dy^4} + 2x\frac{d^2f}{dy^2} = 0$$

For the above formula to hold at any x, it requests that:

$$\frac{d^4f}{dy^4} = 0,\ \text{get } f = Ay^3 + By^2 + Cy + D$$

$$\frac{d^4f_1}{dy^4} + 2\frac{d^2f}{dy^2} = 0,\ \text{get } f_1 = -\frac{A}{10}y^5 - \frac{B}{6}y^4 + Gy^3 + Hy^2 + Iy$$

$$\frac{d^4f_2}{dy^4} = 0,\ \text{get } f_2 = Ey^3 + Fy^2$$

Substitute into Φ to get the solution of the stress function, in which the first-order term independent of stress has been omitted.

（4）Calculate the stress component from the stress function. Substitute Φ into the formula, pay attention to the physical force $f_x = \rho_1 g$, $f_y = 0$, and obtain the expression of the stress component.

$$\sigma_x = \frac{\partial^2\Phi}{\partial y^2} - f_x x = x^3\left(Ay + \frac{B}{3}\right) + x(-2Ay^3 - 2By^2 + 6Gy + 2H) + (6Ey + 2F) - \rho_1 gx,$$

$$\sigma_y = \frac{\partial^2\Phi}{\partial x^2} - f_y y = x(Ay^3 + By^2 + Cy + D)$$

$$\tau_{xy} = -\frac{\partial^2\Phi}{\partial x\partial y} = -\frac{x^2}{2}(3Ay^2 + 2By + C) + \left(\frac{A}{2}y^4 + \frac{2B}{3}y^3 - 3Gy^2 - 2Hy - I\right)$$

（5）Examine the boundary conditions. On the main boundary $y = \pm b/2$, the stress boundary conditions should be satisfied exactly:

$$(\sigma_y)_{y=b/2} = -\rho_2 gx,\ \text{get } x\left(A\frac{b^3}{8} + B\frac{b^2}{4} + C\frac{b}{2} + D\right) = -\rho_2 gx \qquad (3\text{-}29)$$

$$(\sigma_y)_{y=-b/2} = 0,\ \text{get } x\left(-A\frac{b^3}{8} + B\frac{b^2}{4} - C\frac{b}{2} + D\right) = 0 \qquad (3\text{-}30)$$

$$(\tau_{yx})_{y=\pm b/2} = 0,$$

$$\text{get } -\frac{x^2}{2}\left(A\frac{3b^2}{4} \pm Bb + C\right) + \left(A\frac{b^4}{32} \pm B\frac{b^3}{12} - G\frac{3b^2}{4} \mp Hb - I\right) = 0$$

Obtained from the above formula:

$$A\frac{3b^2}{4} \pm Bb + C = 0 \qquad (3\text{-}31,\ 3\text{-}32)$$

$$A \frac{b^4}{32} \pm B \frac{b^3}{12} - G \frac{3b^2}{4} \mp Hb - I = 0 \qquad (3\text{-}33, \ 3\text{-}34)$$

Solve the coefficients by:

formula(3-29)+formula(3-30) get, $B \dfrac{b^2}{4} + D = -\dfrac{1}{2}\rho_2 g$

formula(3-29)−formula(3-30) get, $A \dfrac{b^2}{8} + C \dfrac{b}{2} = -\dfrac{1}{2}\rho_2 g$

formula(3-31)+formula(3-32) get, $B = 0$, so $D = -\dfrac{1}{2}\rho_2 g$

formula(3-31)−formula(3-32) get, $A \dfrac{3b^2}{4} + C = 0$

From this we get:

$$A = \frac{2}{b^3}\rho_2 g, \quad C = -\frac{3}{2b}\rho_2 g$$

there are:

formula(3-33)−formula(3-34) get, $H = 0$

formula(3-33)+formula(3-34) get, $A \dfrac{b^4}{32} - G \dfrac{3b^2}{4} - I = 0$

Substitute A, get:

$$I = \frac{b}{16}\rho_2 g - \frac{3b^2}{4}G \qquad (3\text{-}35)$$

On the secondary boundary $x = 0$, list the stress boundary conditions for the three integrals:

$$\int_{-b/2}^{b/2} (\sigma_x)_{x=0}\,\mathrm{d}y = 0, \ \text{get } F = 0$$

$$\int_{-b/2}^{b/2} (\sigma_x)_{x=0}\,y\,\mathrm{d}y = 0, \ \text{get } E = 0$$

$$\int_{-b/2}^{b/2} (\tau_{xy})_{x=0}\,\mathrm{d}y = 0, \ \text{get } I = \frac{b}{80}\rho_2 g - \frac{b^2}{4}G \qquad (3\text{-}36)$$

Solved by formulas (3-35) and (3-36):

$$I = \frac{b}{80}\rho_2 g, \quad G = \frac{1}{10b}\rho_2 g$$

Substituting the coefficients into the expression of the stress components, we get:

$$\begin{cases} \sigma_x = \dfrac{2\rho_2 g}{b^3}x^3 y + \dfrac{3\rho_2 g}{5b}xy - \dfrac{4\rho_2 g}{b^3}xy^3 - \rho_1 gx \\[3mm] \sigma_y = \rho_2 gx\left(2\dfrac{y^3}{b^3} - \dfrac{3y}{2b} - \dfrac{1}{2}\right) \\[3mm] \tau_{xy} = -\rho_2 gx^2\left(3\dfrac{y^2}{b^3} - \dfrac{3}{4b}\right) - \rho_2 gy\left(-\dfrac{y^3}{b^3} + \dfrac{3y}{10b} - \dfrac{b}{80y}\right) \end{cases}$$

【Example 3-9】 The triangular cantilever arm shown in Figure 3-9 (a) is only subjected to the action of gravity, and the density of the beam is ρ. Try to find the stress component of the beam.

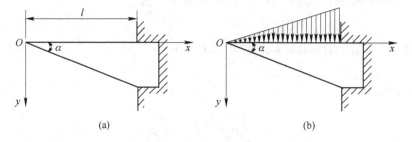

(a)   (b)

Figure 3-9   Example 3-9

【Answer】 (1) Select the stress function through dimensional analysis. The stress component at any point in the object should be proportional to gravity and also related to α, x, y. Since the dimension of stress is [force] [length]$^{-2}$, α is a dimensionless quantity, and the dimension of x, y is [length], so if the stress components have a polynomial solution, their expressions can only be $a\rho gx$, $b\rho gx$ two is a combination of terms, and a, b is a dimensionless quantity related only to α. That is to say, the expression of each stress component can only be a pure linear form of x and y, and the stress function should be a pure cubic form of x and y. Therefore, assuming that the stress function is: $\varphi = Ax^3 + Bx^2 y + Cxy^2 + Dy^3$, it is not difficult to verify that it satisfies the compatibility equation.

(2) The stress component is obtainedby formula
$$\begin{cases} \sigma_x = \dfrac{\partial^2 \varphi}{\partial y^2} \\[3mm] \sigma_y = \dfrac{\partial^2 \varphi}{\partial x^2} \\[3mm] \tau_{xy} = -\dfrac{\partial^2 \varphi}{\partial x \partial y} \end{cases}$$

$$\begin{cases} \sigma_x = \dfrac{\partial^2 \varphi}{\partial y^2} - Xx = 2Cx + 6Dy \\[3mm] \sigma_y = \dfrac{\partial^2 \varphi}{\partial x^2} - Yy = 6Ax + 2By - \rho gy \\[3mm] \tau_{xy} = -\dfrac{\partial^2 \varphi}{\partial x \partial y} = -2Bx - 2Cy \end{cases}$$

(3) Use boundary conditions to determine undetermined constants.

Upper bound: $(\sigma_y)_{y=0} = 0$, that is $6Ax = 0$, get $A = 0$; $(\tau_{xy})_{y=0} = 0$, that is $-2Bx = 0$, get $B = 0$.

$$l = \cos(90° + \alpha) = -\sin\alpha, \quad m = \cos\alpha$$

On the slope:
$$\begin{cases} -\sin\alpha\sigma_x + \cos\alpha\tau_{xy} = 0 \\ -\sin\alpha\tau_{xy} + \cos\alpha\sigma_y = 0 \end{cases}$$

Solutionshave to:
$$C = \frac{\rho g}{2}\cot\alpha, \quad D = -\frac{\rho g}{3}\cot^2\alpha$$

(4) The stress solution is:
$$\begin{cases} \sigma_x = \rho gx\cot\alpha - 2\rho gy\cot^2\alpha \\ \sigma_y = -\rho gy \\ \tau_{xy} = -\rho gy\cot\alpha \end{cases}$$

【Analysis】 This stress function can also be used to solve the problem that the upper boundary is affected by linearly distributed loads, as shown in Figure 3-9 (b), and the combined effect of linearly distributed loads and gravity.

【Example 3-10】 Figure 3-10 shows a wall built in water, the lower end is infinitely long, the load is shown in Figure 3-10, and the dotted line indicates the position of the lateral force acting on the wall. The bulk density of water is γ (excluding physical force), try to find the stress component of the wall.

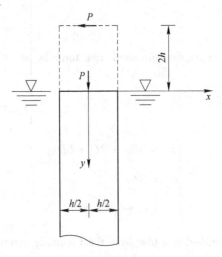

Figure 3-10   Example 3-10

【Answer】 (1) Take out a section of wall with a height of H, and its force diagram is shown in Figure 3-11 (a). It can be decomposed into three cases (b) (c) and (d). The stress function corresponding to case (b) is:

$$\varphi_1 = Ax^3 + By^3$$

The stress function corresponding to case (c) is:

$$\varphi_2 = Cy^2$$

The stress function corresponding to case (d) is:

$$\varphi_3 = Dxy^3 + Exy$$

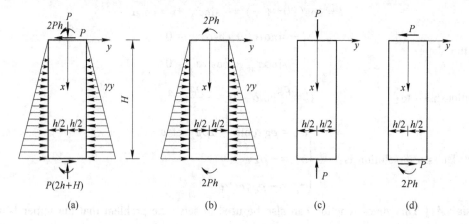

Figure 3-11   Example 3-10

So the stress function of this problem can be taken as:

$$\varphi = \varphi_1 + \varphi_2 + \varphi_3 = Ax^3 + By^3 + Cy^2 + Dxy^3 + Exy$$

(2) The stress component expression obtained from formula $\begin{cases} \sigma_x = \dfrac{\partial^2 \varphi}{\partial y^2} \\[2mm] \sigma_y = \dfrac{\partial^2 \varphi}{\partial x^2} \\[2mm] \tau_{xy} = -\dfrac{\partial^2 \varphi}{\partial x \partial y} \end{cases}$ is:

$$\begin{cases} \sigma_x = 6By + 2C + 6Dxy \\ \sigma_y = 6Ax \\ \tau_{xy} = -3Dy^2 - E \end{cases}$$

(3) Determine the undetermined constant from the boundary conditions.

At $y = \pm \dfrac{h}{2}$: $\sigma_y = -\gamma x$, i. e.: $6Ax = -\gamma x$. This leads to:

$$A = -\frac{\gamma}{6}$$

At $y = \pm \dfrac{h}{2}$: $\tau_{xy} = 0$, i. e.: $-E - 3D\dfrac{h^2}{4} = 0$. This leads to:

$$E = -\frac{3}{4}Dh^2 \qquad (3\text{-}37)$$

At $x = 0$: $\int_{-h/2}^{h/2} \sigma_x \mathrm{d}y = -P$, i. e.: $2Ch = -P$. This leads to:

$$C = -\frac{P}{2h}$$

At $x = 0$: $\int_{-h/2}^{h/2} \sigma_x y \mathrm{d}y = 2Ph$, i. e.: $\frac{Bh^3}{2} = 2Ph$. This leads to:

$$B = \frac{4P}{h^2}$$

At $x = 0$: $\int_{-h/2}^{h/2} \tau_{xy} \mathrm{d}y = P$, i. e.:

$$-\frac{Dh^3}{4} - Eh = P \qquad (3\text{-}38)$$

Solving equations (3-37) and (3-38) to get:

$$D = \frac{2P}{h^3}, \quad E = -\frac{3P}{2h}$$

(4) Stress component:

$$\begin{cases} \sigma_x = \dfrac{12P}{h^3}xy + \dfrac{24P}{h^2}x - \dfrac{P}{h} \\[2mm] \sigma_y = -\gamma x \\[2mm] \tau_{xy} = -\dfrac{6P}{h^3}y^2 + \dfrac{3P}{2h} \end{cases}$$

【**Example 3-11**】 A long vertical column with a rectangular section, the density is ρ, is subjected to a uniform shear force q on one side face, as shown in Figure 3-12, try to find the stress component.

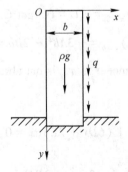

Figure 3-12　Example 3-11

【**Answer**】(1) Stress analysis. On the main boundary ($x = 0$, $x = b$), we have:

$$(\sigma_x)_{x=0} = 0, \quad (\tau_{xy})_{x=0} = 0, \quad (\sigma_x)_{x=b} = 0, \quad (\tau_{xy})_{x=l} = q$$

It can be seen that $\sigma_x = 0$ holds both at the left and right boundaries.

(2) Find the form of the stress function. The basic form of the stress function obtained from $\sigma_x = \dfrac{\partial^2 \Phi}{\partial y^2}$ is:

$$\Phi = f_1(x)y + f_2(x)$$

(3) Find the stress component:

$$\frac{\partial^4 \Phi}{\partial x^4} = f_1^{(4)}(x)y + f_2^{(4)}(x) \tag{3-39}$$

$$\frac{\partial^4 \Phi}{\partial x^2 \partial y^2} = \frac{\partial^4 \Phi}{\partial y^4} = 0 \tag{3-40}$$

Since formula (3-39) holds for any x, y, we have:

$$f_1^{(4)}(x) = f_2^{(4)}(x) = 0$$

and thus obtain $f_1(x) = Ax^3 + Bx^2 + Cx$, $f_2(x) = Dx^3 + Ex^2$. Then the stress function is:

$$\Phi = (Ax^3 + Bx^2 + Cx)y + Dx^3 + Ex^2$$

The stress components are obtained as:

$$\begin{cases} \sigma_x = \dfrac{\partial^2 \Phi}{\partial y^2} - f_x x = 0 \\[3mm] \sigma_y = \dfrac{\partial^2 \Phi}{\partial x^2} - f_y y = 6Axy + 2By + 6Dx + 2E - \rho g y \\[3mm] \tau_{xy} = -\dfrac{\partial^2 \Phi}{\partial x \partial y} = -3Ax^2 - 2Bx - C \end{cases}$$

(4) Consider boundary conditions. On the main boundary ($x = 0$, $x = b$):

$$(\sigma_x)_{x=0, \, b} = 0 \text{ (Satisfy)}$$

$$(\tau_{xy})_{x=0} = -C = 0, \text{ get } C = 0 \tag{3-41}$$

$$(\tau_{xy})_{x=b} = -3Ab^2 - 2Bb = q \tag{3-42}$$

On the small boundary ($y = 0$), since σ_y, τ_{xy} is not always equal to zero, according to Saint-Venant's principle, we have:

$$F_N = \int_0^b (\sigma_y)_{y=0} \, dx = \int_0^b (6Dx + 2E) \, dx = 0, \text{ get } 3Db + 2E = 0 \tag{3-43}$$

$$F_S = \int_0^b (\tau_{xy})_{y=0} \, dx = \int_0^b (-3Ax^2 - 2Bx) \, dx = 0, \text{ get } Ab + B = 0 \tag{3-44}$$

$$M = \int_0^b (\sigma_y)_{y=0} \mathrm{d}x = \int_0^b (6Dx + 2E)x\mathrm{d}x = 0, \text{ get } 2Db + E = 0 \qquad (3\text{-}45)$$

Simultaneous formulas （3-41）~（3-45） are solved，we can get：

$$A = -\frac{q}{b^2}, \ B = \frac{q}{b}, \ C = D = E = 0$$

Thus，the stress component can be obtained as：

$$\sigma_x = 0, \ \sigma_y = -\frac{6q}{b^2}xy + \frac{2q}{b}y - \rho g y, \ \tau_{xy} = \frac{3q}{b^2}x^2 - \frac{2qx}{b}$$

课后习题

3-1 判断题

3-1-1 物体变形连续的充要条件是几何方程（或应变相容方程）。　　　　　　（　　）

3-1-2 在常体力下，引入了应力函数 Φ，$\sigma_x = \dfrac{\partial^2 \Phi}{\partial y^2} - f_x x$，$\sigma_y = \dfrac{\partial^2 \Phi}{\partial x^2} - f_y y$，$\tau_{xy} = -\dfrac{\partial^2 \Phi}{\partial x \partial y}$，平衡微分方程

可以自动满足。　　　　　　　　　　　　　　　　　　　　　　　　　（　　）

3-1-3 某一应力函数所能解决的问题与坐标系的选择无关。　　　　　　　　（　　）

3-1-4 三次或三次以下的多项式总能满足相容方程。　　　　　　　　　　　（　　）

3-1-5 对于纯弯曲的细长梁，由材料力学得到的挠曲线是它的精确解。　　　（　　）

3-1-6 对承载端荷载的悬臂梁来说，弹性力学和材料力学得到的应力解答是相同的。（　　）

3-2 填空题

3-2-1 应力函数应当满足＿＿＿＿＿＿＿。

3-2-2 要使应力函数 $\Phi(x, y) = ax^2 + by^3 + cxy^3 + dx^3y$ 能满足相容方程，对系数 a、b、c、d 的取值要求是＿＿＿＿＿＿。

3-2-3 在常体力情况下，不论应力函数是什么形式的函数，由 $\sigma_x = \dfrac{\partial^2 \Phi}{\partial y^2} - f_x x$，$\sigma_y = \dfrac{\partial^2 \Phi}{\partial x^2} - f_y y$，$\tau_{xy} = -\dfrac{\partial^2 \Phi}{\partial x \partial y}$ 确定的应力分量恒能满足＿＿＿＿＿＿。

3-2-4 弹性力学分析结果表明，材料力学中的平截面假定，对纯弯曲梁来说是＿＿＿＿＿＿。

3-2-5 弹性力学分析结果表明，材料力学中的平截面假定，对承受均布荷载的简支梁来说是＿＿＿＿＿。

3-3 选择题

3-3-1 应力函数必须是　　　　　　　　　　　　　　　　　　　　　　　　（　　）

　　A. 多项式函数　　　　　　　　　　　　B. 三角函数

　　C. 重调和函数　　　　　　　　　　　　D. 二元函数

3-3-2 要使函数 $\Phi(x, y) = axy^3 + bx^3y$ 能作为应力函数，a 与 b 的关系是　　（　　）

　　A. a 与 b 可取任意值　　　　　　　　B. $a = b$

　　C. $a = -b$　　　　　　　　　　　　　　D. $a = b/2$

3-3-3 函数 $\Phi(x, y) = ax^4 + bx^2y^2 + cy^4$ 如作为应力函数，a 与 b 的关系是　（　　）

　　A. 各系数可取任意值　　　　　　　　　B. $b = -3 (a+c)$

　　C. $b = a+c$　　　　　　　　　　　　　D. $a+c+b = 0$

3-3-4 在常体力情况下，用应力函数表示的相容方程等价于　　　　　　　　（　　）

    A. 平衡微分方程   B. 几何方程

    C. 物理关系   D. 平衡微分方程、几何方程和物理关系

3-3-5   无论 φ 是什么形式的函数，由关系式 $\sigma_x = \dfrac{\partial^2 \varphi}{\partial y^2}$，$\sigma_y = \dfrac{\partial^2 \varphi}{\partial x^2}$，$\tau_{xy} = \dfrac{\partial^2 \varphi}{\partial x \partial y}$ 所确定的应力分量在不计

      体力的情况下总能满足   （   ）

    A. 平衡微分方程   B. 几何方程

    C. 物理关系   D. 相容方程

3-3-6   对于承受均布荷载的简支梁来说，弹性力学解答与材料力学解答的关键是   （   ）

    A. σ_x 的表达式相同   B. σ_y 的表达式相同

    C. τ_{xy} 的表达式相同   D. 都满足平截面假定

3-4   分析与计算题

3-4-1   图 3-13 所示矩形截面柱，承受偏心荷载 P 的作用。若应力函数 $\varphi = Ax^3 + Bx^2$，试求各应力分量
      （不计体力）。

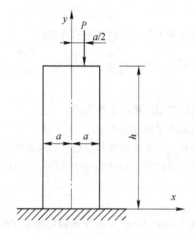

图 3-13   题 3-4-1 图

3-4-2   图 3-14 所示悬壁梁，梁的横截面为矩形，其宽度为 1，右端固定，左端自由，荷载分布在右端上，
      为集中力 P，试求：不计体力条件下，梁的应力分量（提示：采用半逆解法求解应力函数，假设
      任意界面上 $\sigma_x = a_1 xy$）。

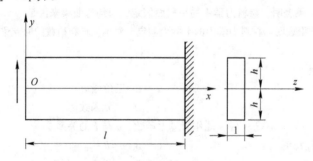

图 3-14   题 3-4-2 图

3-4-3   检验函数 $\varphi = \dfrac{qx^2}{4}\left(-\dfrac{4y^3}{h^3} + \dfrac{3y}{h} - 1 \right) + \dfrac{qy^2}{10}\left(\dfrac{2y^3}{h^3} - \dfrac{y}{h} \right)$ 是否可作为应力函数。若能，试求应力分量
      （不计体力），并指出对图 3-15 所示矩形板该应力函数能解决什么问题。

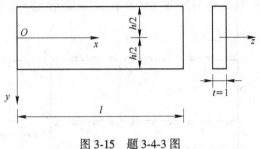

图 3-15　题 3-4-3 图

3-4-4 图 3-16 所示之梁仅受本身的重力，单位体积的质量为 ρ，试检验应力函数 $\varphi = Ax^2y^3 + By^5 + Ey^3 + Dx^2y$ 能否成立，并求出应力分量。

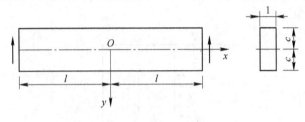

图 3-16　题 3-4-4 图

3-4-5 对图 3-17 所示的悬臂梁，试检验应力函数 $\varphi = Ay^5 + Bx^2y^3 + Cy^3 + Dx^2 + Ex^2y$ 能否成立，并求出应力分量（不计自重）。

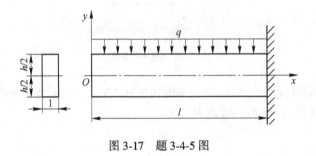

图 3-17　题 3-4-5 图

3-4-6 三角形悬臂梁只受重力作用，其密度为 ρ，厚度为 l，图 3-18 所示，试用三次函数 $\varphi = Ax^3 + Bx^2y + Cxy^2 + Dy^3$ 求其应力分量。

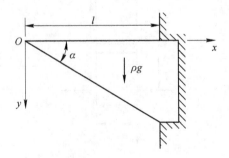

图 3-18　题 3-4-6 图

3-4-7 悬臂梁不计自重，受力情况及坐标如图 3-19 所示，试求梁内的应力分量。

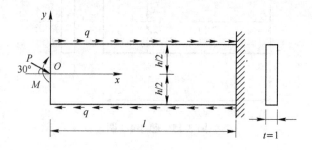

图 3-19 题 3-4-7 图

3-4-8 如图 3-20 所示挡水墙的密度为 ρ，厚度为 h，水的密度为 γ。试选取适当的应力函数解此问题，求出相应的应力分量。

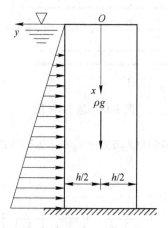

图 3-20 题 3-4-8 图

3-4-9 设有矩形截面的竖柱，其厚度为 l，在上端作用集中力为 P，一侧面受均布剪力 q 作用，如图 3-21 所示，如不计重力，$l \gg h$，试求应力分量。

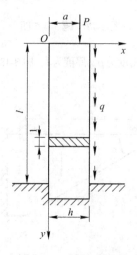

图 3-21 题 3-4-9 图

3-4-10 如图 3-22 所示矩形截面柱的侧面作用均布剪应力 q，在顶面作用均布压力 p。试选取适当的应力函数解此问题，求出相应的应力分量。

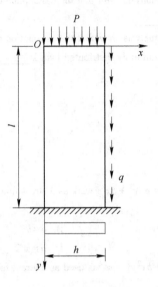

图 3-22 题 3-4-10 图

3-4-11 试分析简支梁受均布荷载时，平面截面假设是否成立。

Homework

3-1 True or false

3-1-1 The necessary and sufficient condition for the continuous deformation of the object is the geometric equation (or the strain compatibility equation) .   (   )

3-1-2 Under constant body force, the stress functions Φ, $\sigma_x = \dfrac{\partial^2 \Phi}{\partial y^2} - f_x x$, $\sigma_y = \dfrac{\partial^2 \Phi}{\partial x^2} - f_y y$, $\tau_{xy} = -\dfrac{\partial^2 \Phi}{\partial x \partial y}$, are introduced, and the equilibrium differential equation can be automatically satisfied.   (   )

3-1-3 The problem that a certain stress function can solve has nothing to do with the choice of coordinate system.   (   )

3-1-4 A polynomial of cubic or less will always satisfy the compatibility equation.   (   )

3-1-5 For a purely curved slender beam, the deflection curve obtained from the mechanics of materials is its exact solution.   (   )

3-1-6 For a cantilever beam carrying end loads, the stress solutions obtained from elastic mechanics and material mechanics are the same.   (   )

3-2 Fill in the blanks

3-2-1 The stress function should satisfy_____.

3-2-2 To make the stress function $\Phi(x, y) = ax^2 + by^3 + cxy^3 + dx^3y$ satisfy the compatibility equation, the value requirements for the coefficients a, b, c, and d are_____.

3-2-3 In the case of constant body force, no matter what form the stress function is, the stress components determined by $\sigma_x = \dfrac{\partial^2 \Phi}{\partial y^2} - f_x x$, $\sigma_y = \dfrac{\partial^2 \Phi}{\partial x^2} - f_y y$, $\tau_{xy} = -\dfrac{\partial^2 \Phi}{\partial x \partial y}$ can always satisfy_____.

3-2-4 The results of elastic mechanics analysis show that the assumption of plane section in material mechanics for pure bending beams is_____.

3-2-5 The results of elastic mechanics analysis show that the assumption of plane section in material mechanics for a simply supported beam under uniformly distributed load is_____.

3-3 Multiple choice questions

3-3-1 The stress function must be   (   )
  A. Polynomial functions
  B. Trigonometric functions
  C. Reharmonic functions
  D. Binary functions

3-3-2 To make the function $\Phi(x, y) = axy^3 + bx^3 y$ work as a stress function, the relationship between a and b is   (   )
  A. a given b acceptable voluntary   B. $a=b$
  C. $a=-b$ D. $a=b/2$

3-3-3 If the function $\Phi(x, y) = ax^4 + bx^2 y^2 + cy^4$ is used as a stress function, the relationship between a and b is   (   )
  A. Each coefficient can take any value   B. $b=-3(a+c)$
  C. $b=a+c$ D. $a+c+b=0$

3-3-4 In the case of constant body force, the compatibility equation expressed by the stress function is equivalent to   (   )
  A. Equilibrium Differential Equations
  B. Geometric Equations
  C. Physical Relationships
  D. Equilibrium Differential Equations, Geometric Equations and Physical Relations

3-3-5 No matter what form of function φ is, the stress components determined by the relations $\sigma_x = \dfrac{\partial^2 \varphi}{\partial y^2}$, $\sigma_y = \dfrac{\partial^2 \varphi}{\partial x^2}$, $\tau_{xy} = \dfrac{\partial^2 \varphi}{\partial x \partial y}$ can always satisfy the   (   )
  A. Equilibrium Differential Equations
  B. Geometric Equations
  C. Physical Relationships
  D. Compatibility Equations

3-3-6 For a simply supported beam under uniform load, the key to the solution of elastic mechanics and mechanics of materials is   (   )
  A. The expression of σ_x is the same
  B. The expression of σ_y is the same
  C. The expression of τ_{xy} is the same
  D. Both satisfy the plane section assumption

3-4 Analysis and calculation questions

3-4-1 The rectangular section column shown in Figure 3-13 is subjected to an eccentric load P. If the stress function is $\varphi = Ax^3 + Bx^2$, try to find the stress components (Not counting physical strength).

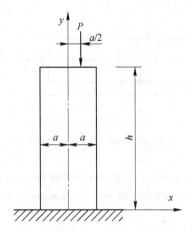

Figure 3-13   Question 3-4-1

3-4-2   The cantilever beam shown in Figure 3-14 has a rectangular cross-section with a width of 1, the right end is fixed, the left end is free, and the load is distributed on the right end, which is the concentrated force P. Try to find the stress component of the beam without considering the physical force. (Hint: Use the semi-inverse solution method to solve the stress function, assuming $\sigma_x = a_1 xy$ on any interface.)

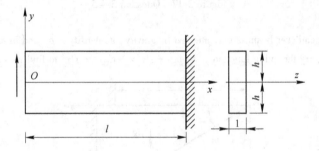

Figure 3-14   Question 3-4-2

3-4-3   Test whether function $\varphi = \dfrac{qx^2}{4}\left(-\dfrac{4y^3}{h^3} + \dfrac{3y}{h} - 1\right) + \dfrac{qy^2}{10}\left(\dfrac{2y^3}{h^3} - \dfrac{y}{h}\right)$ can be used as a stress function. If so, try to find the stress components (excluding body forces) and indicate what problem this stress function solves for the rectangular plate shown in Figure 3-15.

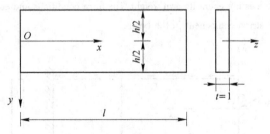

Figure 3-15   Question 3-4-3

3-4-4   The beam shown in Figure 3-16 is only subject to its own gravity, and the mass per unit volume is ρ. Try to check whether the stress function $\varphi = Ax^2y^3 + By^5 + Ey^3 + Dx^2y$ holds, and find the stress components.

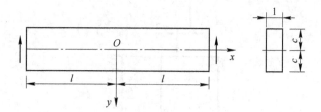

Figure 3-16   Question 3-4-4

3-4-5   For the cantilever beam shown in Figure 3-17, test whether the stress function $\varphi = Ay^5 + Bx^2y^3 + Cy^3 + Dx^2 + Ex^2y$ can be established, and find the stress components (Not counting self weight).

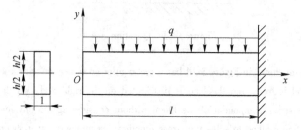

Figure 3-17   Question 3-4-5

3-4-6   The triangular cantilever beam is only affected by gravity, its density is ρ, and its thickness is l, as shown in Figure 3-18, try the cubic function $\varphi = Ax^3 + Bx^2y + Cxy^2 + Dy^3$ to find its stress component.

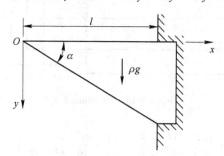

Figure 3-18   Question 3-4-6

3-4-7   The cantilever beam does not count its own weight. The force conditions and coordinates are shown in Figure 3-19. Try to find the stress component in the beam.

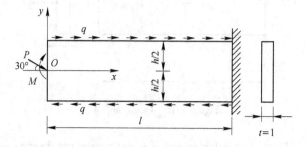

Figure 3-19   Question 3-4-7

3-4-8 As shown in Figure 3-20, the density of the retaining wall is ρ, the thickness is h, and the density of water is γ. Try to select an appropriate stress function to answer this problem, and find the corresponding stress components.

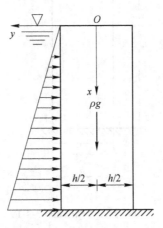

Figure 3-20   Question 3-4-8

3-4-9 A vertical column with a rectangular cross-section, its thickness is l, the concentrated force acting on the upper end is P, and one side is subjected to a uniform shear force q, as shown in Figure 3-21, if gravity is not considered, $l \gg h$, try to find the stress component.

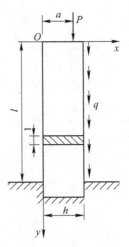

Figure 3-21   Question 3-4-9

3-4-10 As shown in Figure 3-22, a uniformly distributed shear stress q is applied to the side of the rectangular section column, and a uniformly distributed pressure p is applied to the top surface. Try to choose an appropriate stress function to solve this problem and find the corresponding stress components.

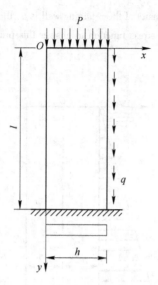

Figure 3-22   Question 3-4-10

3-4-11   Try to analyze whether the assumption of plane section holds when a simply supported beam is subjected to uniformly distributed loads.

4 平面问题的极坐标解答 (Polar Coordinate Solutions for Plane Problems)

4.1 学习要求 (Study requirements)

（1）在平面问题中，对于圆形、环形或由径向线和环向线围成的物体，宜用极坐标求解。因为用极坐标表示这些物体的边界非常简单，从而使边界条件简化，求解方便。

（2）极坐标是一种最简单的曲线坐标。在极坐标中，平面内的任一点用径向坐标 ρ 和环向坐标 φ 表示。极坐标 (ρ, φ) 和直角坐标 (x, y) 相比，除了都是正交坐标系外，两者有下列区别：在直角坐标中，x 和 y 的坐标线都是直线，有固定的方向，x 和 y 的量纲都是长度 L。在极坐标中，ρ 坐标线（φ = 常数）和 φ 坐标线（ρ = 常数）在不同的点有不同的方向；ρ 坐标线是直线，而 φ 坐标线为圆弧曲线；ρ 的量纲为 L，而 φ 的量纲为 1。这些区别将引起弹性力学基本方程的差异。

（3）本章建立了在极坐标系中平面问题的基本方程和按应力求解的方法。读者可与直角坐标系中的有关公式进行对比，了解两者的相似和不同之处，特别注意理解由于极坐标（简单的曲线坐标）所引起的区别。

（4）本章介绍了一批有实用价值的解答，可供实际应用。

（1）Polar coordinate solution of plane problem for circles, rings or objects enclosed by radial lines and toroidal lines, polar coordinates should be used to solve them. Because it is very simple to express the boundaries of these objects with polar coordinates, the boundary conditions are simplified and the solution is convenient.

（2）Polar coordinates are one of the simplest curvilinear coordinates. In polar coordinates, any point in the plane is represented by the radial coordinate ρ and the hoop coordinate φ. Compared with polar coordinates (ρ, φ) and cartesian coordinates (x, y), except that they are both orthogonal coordinate systems, the two have the following differences: In cartesian coordinates, the coordinate lines of x and y are straight lines, and have a fixed direction, the dimensions of x and y are both length L. In polar coordinates, the ρ coordinate line (φ = constant) and the φ coordinate line (ρ = constant) have different directions at different points; the ρ coordinate line is a straight line, while the φ coordinate line is an arc curve; the dimension of ρ is L, and the dimension of φ is 1. These differences will lead to differences in the fundamental equations of elasticity.

（3）This chapter establishes the basic equations of plane problems in polar coordinates and the method of solving them by stress. Readers can compare with the relevant formulas in the cartesian coordinate system to understand the similarities and differences between the two, paying special attention to understanding the differences caused by polar coordinates（simple curvilinear coordinates）.

（4）This chapter presents a number of useful solutions for practical application.

4.2　重点知识归纳（Summary of key knowledge）

（1）极坐标中的基本方程和边界条件。

平衡微分方程：

$$\begin{cases} \dfrac{\partial \sigma_\rho}{\partial \rho} + \dfrac{1}{\rho}\dfrac{\partial \tau_{\varphi\rho}}{\partial \varphi} + \dfrac{\sigma_\rho - \sigma_\varphi}{\rho} + f_\rho = 0 \\[3mm] \dfrac{1}{\rho}\dfrac{\partial \sigma_\varphi}{\partial \varphi} + \dfrac{\partial \tau_{\rho\varphi}}{\partial \rho} + \dfrac{2\tau_{\rho\varphi}}{\rho} + f_\varphi = 0 \end{cases}$$

几何方程：

$$\begin{cases} \varepsilon_\rho = \dfrac{\partial u_\rho}{\partial \rho}, \quad \varepsilon_\varphi = \dfrac{u_\rho}{\rho} + \dfrac{1}{\rho}\dfrac{\partial u_\varphi}{\partial \varphi} \\[3mm] \gamma_{\rho\varphi} = \dfrac{1}{\rho}\dfrac{\partial u_\rho}{\partial \varphi} + \dfrac{\partial u_\varphi}{\partial \rho} - \dfrac{u_\varphi}{\rho} \end{cases}$$

物理方程（平面应力问题）：

$$\begin{cases} \varepsilon_\rho = \dfrac{1}{E}(\sigma_\rho - \mu\sigma_\varphi), \quad \varepsilon_\varphi = \dfrac{1}{E}(\sigma_\varphi - \sigma_\rho) \\[3mm] \gamma_{\rho\varphi} = \dfrac{2(1+\mu)}{E}\tau_{\rho\varphi} \end{cases}$$

当物体的边界面为 ρ 面或 φ 面时，位移或应力边界条件都非常简单。

（2）从直角坐标系到极坐标系的物理量的变换式。

变量转换：
$$x = \rho\cos\varphi, \quad y = \rho\sin\varphi$$

函数转换：
$$\varPhi(x, y) \rightarrow \varPhi(\rho, \varphi)$$

矢量转换：
$$u = u_\rho\cos\varphi - u_\varphi\sin\varphi, \quad v = u_\rho\sin\varphi - u_\varphi\cos\varphi$$

导数转换：一阶导数（二阶和高阶导数可以类推），

$$\begin{cases} \dfrac{\partial}{\partial x} = \cos\varphi\,\dfrac{\partial}{\partial \rho} - \dfrac{\sin\varphi}{\rho}\dfrac{\partial}{\partial \varphi} \\[3mm] \dfrac{\partial}{\partial y} = \sin\varphi\,\dfrac{\partial}{\partial \rho} + \dfrac{\cos\varphi}{\rho}\dfrac{\partial}{\partial \varphi} \end{cases}$$

拉普拉斯算子，
$$\nabla^2 = \dfrac{\partial^2}{\partial \rho^2} + \dfrac{1}{\rho}\dfrac{\partial}{\partial \rho} + \dfrac{1}{\rho^2}\dfrac{\partial^2}{\partial \varphi^2}$$

应力转换：

$$\begin{cases} \sigma_x = \sigma_\rho\cos^2\varphi + \sigma_\varphi\sin^2\varphi - 2\tau_{\rho\varphi}\sin\varphi\cos\varphi \\[2mm] \sigma_y = \sigma_\rho\sin^2\varphi + \sigma_\varphi\cos^2\varphi + 2\tau_{\rho\varphi}\sin\varphi\cos\varphi \\[2mm] \tau_{xy} = (\sigma_\rho - \sigma_\varphi)\sin\varphi\cos\varphi + \tau_{\rho\varphi}(\cos^2\varphi - \sin^2\varphi) \end{cases}$$

（3）极坐标中按应力函数求解，Φ 应满足：

1）区域内的相容方程 $\nabla^4 \Phi = 0$。

2）边界上的应力边界条件（假设全部为应力边界条件）。

3）若为多连体，还需满足位移单值条件。

当不计体力时，应力分量的表达式为：

$$
\begin{cases}
\sigma_\rho = \dfrac{1}{\rho}\dfrac{\partial \Phi}{\partial \rho} + \dfrac{1}{\rho^2}\dfrac{\partial^2 \Phi}{\partial \varphi^2}, \quad \sigma_\varphi = \dfrac{\partial^2 \Phi}{\partial \rho^2} \\[2mm]
\tau_{\rho\varphi} = -\dfrac{\partial}{\partial \rho}\left(\dfrac{1}{\rho}\dfrac{\partial \Phi}{\partial \varphi}\right)
\end{cases}
$$

（4）轴对称应力和相应的位移。

应力函数：
$$
\Phi = A\ln \rho + B\rho^2 \ln \rho + C\rho^2 + D
$$

应力：

$$
\begin{cases}
\sigma_\rho = \dfrac{A}{\rho^2} + B(1 + 2\ln \rho) + 2C \\[3mm]
\sigma_\varphi = -\dfrac{A}{\rho^2} + B(3 + 2\ln \rho) + 2C \\[3mm]
\tau_{\rho\varphi} = 0
\end{cases}
$$

位移（平面应力问题）：

$$
\begin{cases}
u_\rho = \dfrac{1}{E}\left[-(1 + \mu)\dfrac{A}{\rho} + 2(1 - \mu)B\rho(\ln\rho - 1) + (1 - 3\mu)B\rho + 2(1 - \mu)C\rho \right] + \\
\qquad I\cos\varphi + K\sin\varphi \\[3mm]
u_\varphi = \dfrac{4B\rho\varphi}{E} + H\rho - I\sin\varphi + K\cos\varphi
\end{cases}
$$

（1）Basic equations and boundary conditions in polar coordinates.

Balanced differential equations:

$$
\begin{cases}
\dfrac{\partial \sigma_\rho}{\partial \rho} + \dfrac{1}{\rho}\dfrac{\partial \tau_{\varphi\rho}}{\partial \varphi} + \dfrac{\sigma_\rho - \sigma_\varphi}{\rho} + f_\rho = 0 \\[3mm]
\dfrac{1}{\rho}\dfrac{\partial \sigma_\varphi}{\partial \varphi} + \dfrac{\partial \tau_{\rho\varphi}}{\partial \rho} + \dfrac{2\tau_{\rho\varphi}}{\rho} + f_\varphi = 0
\end{cases}
$$

Geometric equation:

$$
\begin{cases}
\varepsilon_\rho = \dfrac{\partial u_\rho}{\partial \rho}, \quad \varepsilon_\varphi = \dfrac{u_\rho}{\rho} + \dfrac{1}{\rho}\dfrac{\partial u_\varphi}{\partial \varphi} \\[3mm]
\gamma_{\rho\varphi} = \dfrac{1}{\rho}\dfrac{\partial u_\rho}{\partial \varphi} + \dfrac{\partial u_\varphi}{\partial \rho} - \dfrac{u_\varphi}{\rho}
\end{cases}
$$

Physical equations (plane stress problems):

$$\begin{cases} \varepsilon_\rho = \dfrac{1}{E}(\sigma_\rho - \mu\sigma_\varphi), \quad \varepsilon_\varphi = \dfrac{1}{E}(\sigma_\varphi - \sigma_\rho) \\[3mm] \gamma_{\rho\varphi} = \dfrac{2(1+\mu)}{E}\tau_{\rho\varphi} \end{cases}$$

When the boundary surface of the object is ρ or φ, the displacement or stress boundary conditions are very simple.

(2) Transformation formula of physical quantity from coordinate system to polar coordinate system.

Variable conversion: $x = \rho\cos\varphi, \ y = \rho\sin\varphi$

Function conversion: $\Phi(x, \ y) \rightarrow \Phi(\rho, \ \varphi)$

Vector conversion: $u = u_\rho\cos\varphi - u_\varphi\sin\varphi, \ v = u_\rho\sin\varphi - u_\varphi\cos\varphi$

Derivative transformation: first derivative (second and higher derivatives can be analogized),

$$\begin{cases} \dfrac{\partial}{\partial x} = \cos\varphi\,\dfrac{\partial}{\partial\rho} - \dfrac{\sin\varphi}{\rho}\,\dfrac{\partial}{\partial\varphi} \\[4mm] \dfrac{\partial}{\partial y} = \sin\varphi\,\dfrac{\partial}{\partial\rho} + \dfrac{\cos\varphi}{\rho}\,\dfrac{\partial}{\partial\varphi} \end{cases}$$

Laplace operator, $\nabla^2 = \dfrac{\partial^2}{\partial\rho^2} + \dfrac{1}{\rho}\dfrac{\partial}{\partial\rho} + \dfrac{1}{\rho^2}\dfrac{\partial^2}{\partial\varphi^2}$

Stress transformation:

$$\begin{cases} \sigma_x = \sigma_\rho\cos^2\varphi + \sigma_\varphi\sin^2\varphi - 2\tau_{\rho\varphi}\sin\varphi\cos\varphi \\[2mm] \sigma_y = \sigma_\rho\sin^2\varphi + \sigma_\varphi\cos^2\varphi + 2\tau_{\rho\varphi}\sin\varphi\cos\varphi \\[2mm] \tau_{xy} = (\sigma_\rho - \sigma_\varphi)\sin\varphi\cos\varphi + \tau_{\rho\varphi}(\cos^2\varphi - \sin^2\varphi) \end{cases}$$

(3) Solving according to the stress function in polar coordinates, Φ should satisfy:

1) In-region compatibility equation $\nabla^4\Phi = 0$.

2) Stress boundary conditions on the boundary (assuming all are stress boundary conditions).

3) If it is a multi-joint, the displacement single-value condition must also be satisfied.

When the body force is not considered, the expression of the stress component is:

$$\begin{cases} \sigma_\rho = \dfrac{1}{\rho}\dfrac{\partial\Phi}{\partial\rho} + \dfrac{1}{\rho^2}\dfrac{\partial^2\Phi}{\partial\varphi^2}, \quad \sigma_\varphi = \dfrac{\partial^2\Phi}{\partial\rho^2} \\[4mm] \tau_{\rho\varphi} = -\dfrac{\partial}{\partial\rho}\left(\dfrac{1}{\rho}\dfrac{\partial\Phi}{\partial\varphi}\right) \end{cases}$$

(4) Axisymmetric stress and corresponding displacement.

Stress function: $\Phi = A\ln\rho + B\rho^2\ln\rho + C\rho^2 + D$

Stress:

$$\begin{cases} \sigma_\rho = \dfrac{A}{\rho^2} + B(1 + 2\ln\rho) + 2C \\[2mm] \sigma_\varphi = -\dfrac{A}{\rho^2} + B(3 + 2\ln\rho) + 2C \\[2mm] \tau_{\rho\varphi} = 0 \end{cases}$$

Displacement（plane stress problem）：

$$\begin{cases} u_\rho = \dfrac{1}{E}\left[-(1+\mu)\dfrac{A}{\rho} + 2(1-\mu)B\rho(\ln\rho - 1) + (1-3\mu)B\rho + 2(1-\mu)C\rho \right] + \\[2mm] \qquad I\cos\varphi + K\sin\varphi \\[2mm] u_\varphi = \dfrac{4B\rho\varphi}{E} + H\rho - I\sin\varphi + K\cos\varphi \end{cases}$$

4.3 典型例题分析（Analysis of typical examples）

【例4-1】 如图4-1所示，楔形体在顶部受集中力 P 作用，试用应力函数 $\Phi = \rho\varphi(C\cos\varphi + D\sin\varphi)$，求其应力分量。

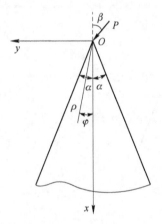

图4-1 例4-1图

【解答】 （1）将所给的应力函数代入相容方程，经检验知满足相容方程。

（2）求应力分量：

$$\sigma_\rho = \frac{2}{\rho}(D\cos\varphi - C\sin\varphi), \quad \sigma_\varphi = \tau_{\rho\varphi} = 0$$

（3）楔形体两侧的应力边界条件能自然满足：

$$(\sigma_\varphi)_{\varphi=\pm\alpha} = 0, \quad (\tau_{\rho\varphi})_{\varphi=\pm\alpha} = 0$$

考虑半径为 ρ 的楔形体上部的静力平衡条件：

$$\sum F_x = 0, \quad \int_{-a}^{a}(\sigma_\rho\cos\varphi\rho)\,\mathrm{d}\varphi + P\cos\beta = 0$$

$$\sum F_y = 0, \quad \int_{-a}^{a} (\sigma_\rho \sin\varphi \rho)\,\mathrm{d}\varphi + P\sin\beta = 0$$

由此求出常数：

$$C = \frac{P\sin\beta}{2\alpha - \sin2\alpha}, \quad D = -\frac{P\cos\beta}{2\alpha + \sin2\alpha}$$

（4）应力解答：

$$\begin{cases} \sigma_\rho = -\dfrac{2P\cos\beta\cos\varphi}{(2\alpha + \sin2\alpha)\rho} - \dfrac{2P\sin\beta\sin\varphi}{(2\alpha - \sin2\alpha)\rho} \\ \sigma_\varphi = \tau_{\rho\varphi} = 0 \end{cases}$$

【分析】（1）楔形体顶部的集中力实际上是沿着 z 轴（纵向）均匀分布的，量纲为 MT^{-2}。

（2）利用本题的解答，可分别获得图 4-2 所示的楔形体、半平面体，在 O 点受水平或竖向集中力 P 作用时的应力解答。

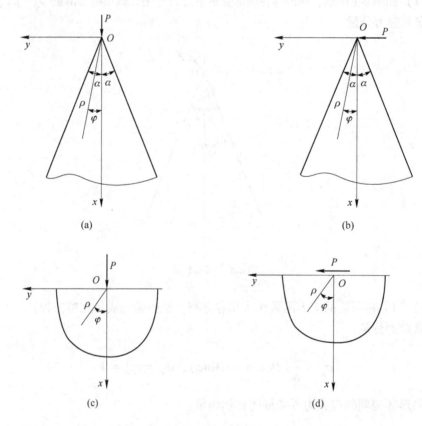

图 4-2 例 4-1 分析

(a) $\beta = 0$, $\sigma_\rho = -\dfrac{2P\sin\varphi}{(2\alpha + \sin2\alpha)\rho}$; (b) $\beta = \dfrac{\pi}{2}$, $\sigma_\rho = -\dfrac{2P\sin\varphi}{(2\alpha - \sin2\alpha)\rho}$;

(c) $\beta = 0$, $\alpha = \dfrac{\pi}{2}$, $\sigma_\rho = -\dfrac{2P\cos\varphi}{\pi\rho}$; (d) $\beta = \dfrac{\pi}{2}$, $\alpha = \dfrac{\pi}{2}$, $\sigma_\rho = -\dfrac{2P\sin\varphi}{\pi\rho}$

【**例4-2**】 如图4-3所示的三角形悬臂梁，在上边界 $y=0$ 受到均布压力 q 的作用，试用下列应力函数 $\Phi = C[\rho^2(\alpha-\varphi) + \rho^2\sin\varphi\cos\varphi - \rho^2\cos^2\varphi\tan\alpha]$ 求解其应力分量。

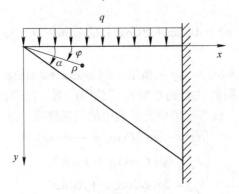

图4-3　例4-2图

【**解答**】 应力函数 Φ 应满足相容方程和边界条件，从而可解出常数：

$$C = \frac{q}{2(\tan\alpha - \alpha)}$$

得到的应力解答为：

$$\begin{cases} \sigma_\rho = \dfrac{q}{\tan\alpha - \alpha}(\alpha - \varphi - \sin\varphi\cos\varphi - \tan\alpha\sin^2\varphi) \\[2mm] \sigma_\varphi = \dfrac{q}{\tan\alpha - \alpha}(\alpha - \varphi + \sin\varphi\cos\varphi - \tan\alpha\cos^2\varphi) \\[2mm] \tau_{\rho\varphi} = \dfrac{q}{\tan\alpha - \alpha}(\sin^2\varphi - \tan\alpha\sin\varphi\cos\varphi) \end{cases}$$

【**例4-3**】 如图4-4所示楔形体，两侧受线性分布的液体压力 $q = \rho g$ 作用（ρ 为液体密度），试求其应力分量。

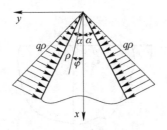

图4-4　例4-3图

【**解答**】 （1）本题采用量纲分析的方法确定应力函数。应力分量取决于 α，q，ρ，φ，因 α，φ 量纲为1，q 的量纲为 $L^{-2}MT^{-2}$。因此，各应力分量表达式只可能取 $Nq\rho$ 的形式，而 N 是只含 α，φ 的量纲为1的函数，也就是应力分量的表达式是 ρ 的纯一次式，应力函数的 ρ 幂次应比应力分量高二次，故设：

$$\Phi = \rho^3 f(\varphi)$$

（2）代入相容方程得：

$$\frac{1}{\rho}\left[\frac{\mathrm{d}^4 f(\varphi)}{\mathrm{d}\varphi^4} + 10\frac{\mathrm{d}^2 f(\varphi)}{\mathrm{d}\varphi^2} + 9f(\varphi)\right] = 0$$

解得：

$$f(\varphi) = A\cos\varphi + B\sin\varphi + C\cos3\varphi + D\sin3\varphi$$

故有：

$$\varPhi = \rho^3(A\cos\varphi + B\sin\varphi + C\cos3\varphi + D\sin3\varphi)$$

（3）求解应力分量，同时注意到在对称荷载作用下，正应力应是 φ 的偶函数，切应力应是 φ 的奇函数，所以，仅需保留应力函数中的偶函数项，故令 $B=0$，$D=0$，于是

$$\begin{cases} \sigma_\rho = -2\rho(3C\cos3\varphi - A\cos\varphi) \\ \sigma_\varphi = 6\rho(C\cos3\varphi + A\cos\varphi) \\ \tau_{\rho\varphi} = 2\rho(2C\sin3\varphi + A\sin\varphi) \end{cases}$$

（4）应力边界条件：

$$(\sigma_\varphi)_{\varphi = \pm\alpha} = -q\rho, \quad (\tau_{\rho\varphi})_{\varphi = \pm\alpha} = 0$$

由此求出常数：

$$A = \frac{q\sin3\alpha}{2N}, \ B = -\frac{q\sin\alpha}{6N}, \ N = \cos3\alpha\sin\alpha - 3\sin3\alpha\cos\alpha$$

（5）应力解答：

$$\begin{cases} \sigma_\rho = \frac{q\rho}{N}(\sin\alpha\cos3\varphi + \sin3\alpha\cos\varphi) \\ \sigma_\varphi = \frac{q\rho}{N}(3\sin3\alpha\cos\varphi - \sin\alpha\cos3\varphi) \\ \tau_{\rho\varphi} = \frac{q\rho}{N}(\sin3\alpha\sin\varphi - \sin\alpha\sin3\varphi) \end{cases}$$

【例 4-4】 设半平面体在直边界上受有集中力偶，单位宽度上力偶矩为 M，如图 4-5 所示，试求应力分量。

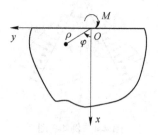

图 4-5　例 4-4 图

【解答】应用半逆解法求解。

（1）按量纲分析方法，单位宽度上的力偶矩与力的量纲相同。应力应与 M、ρ、φ 有关，由于应力的量纲是单位面积上的力，即 $L^{-1}MT^{-2}$，应力只能以 M/ρ^2 形式组合。

（2）$\varPhi$ 应比应力的长度量纲高二次幂，可假设 $\varPhi = \varPhi(\rho)$。

（3）将 $\varPhi$ 代入相容方程，得：

$$\frac{1}{\rho^4}\left(\frac{\mathrm{d}^4\Phi}{\mathrm{d}\varphi^4} + 4\frac{\mathrm{d}^2\Phi}{\mathrm{d}\varphi^2}\right) = 0$$

删去因子 $\frac{1}{\rho^4}$，得一个关于 $\Phi = (\rho)$ 的常微分方程。令其解为 $\Phi = \mathrm{e}^{\lambda\varphi}$，代入上式，可得到一个关于 λ 的特征方程：

$$\lambda^2(\lambda^2 + 4) = 0 \tag{4-1}$$

其解为 $\lambda = 2\mathrm{i}$、$-2\mathrm{i}$、0、0。于是得到 Φ 的四个解 $a\mathrm{e}^{2\mathrm{i}\varphi}$、$b\mathrm{e}^{-2\mathrm{i}\varphi}$、$c\varphi$、$d$；前两项又可以组成为正弦、余弦函数。由此得：

$$\Phi = A\cos2\varphi + B\sin2\varphi + C\varphi + D \tag{4-2}$$

本题中结构对称于 $\varphi = 0$ 的 x 轴，而 M 是反对称荷载，因此，应力应反对称于 x 轴，为 φ 的奇函数，从而得 $A = D = 0$。

$$\Phi = B\sin2\varphi + C\varphi \tag{4-3}$$

（4）由应力函数 Φ 得应力分量的表达式：

$$\begin{cases} \sigma_\rho = -\dfrac{1}{\rho^2}4B\sin2\varphi \\ \sigma_\varphi = 0 \\ \tau_{\rho\varphi} = \dfrac{1}{\rho^2}(2B\cos2\varphi + C) \end{cases}$$

（5）考察边界条件。由于原点 O 有集中力偶作用，应分别考察大边界上的条件和原点附近的条件。

在 $\rho \neq 0$，$\varphi = \pm\pi/2$ 的边界上，有

$$(\sigma_\varphi)_{\rho\neq0,\ \varphi=\pm\pi/2} = 0, \quad (\tau_{\rho\varphi})_{\rho\neq0,\ \varphi=\pm\pi/2} = 0$$

前一式自然满足，而第二式成为：

$$2B = C \tag{4-4}$$

为了考虑原点 O 附近有集中力偶的作用，取出以 O 为中心，ρ 为半径的一小部分脱离体，并列出其平衡条件：

$$\begin{cases} \sum F_x = 0, & \displaystyle\int_{-\pi/2}^{\pi/2}[(\sigma_\rho)_{\rho=\rho}\cos\varphi\rho\mathrm{d}\varphi - (\tau_{\rho\varphi})_{\rho=\rho}\sin\varphi\rho\mathrm{d}\varphi] = 0 \\ \sum F_y = 0, & \displaystyle\int_{-\pi/2}^{\pi/2}[(\sigma_\rho)_{\rho=\rho}\sin\varphi\rho\mathrm{d}\varphi + (\tau_{\rho\varphi})_{\rho=\rho}\cos\varphi\rho\mathrm{d}\varphi] = 0 \\ \sum M_0 = 0, & \displaystyle\int_{-\pi/2}^{\pi/2}(\tau_{\rho\varphi})_{\rho=\rho}\rho^2\mathrm{d}\varphi + M = 0 \end{cases}$$

上式中前两式自然满足，而第三式成为：

$$2B = -\frac{M}{\pi} \tag{4-5}$$

将式（4-5）代入式（4-4），得：

$$C = -\frac{M}{\pi}$$

将各系数代入应力分量的表达式，得：

$$\begin{cases} \sigma_\rho = \dfrac{2M}{\pi}\dfrac{\sin2\varphi}{\rho^2} \\[2mm] \sigma_\varphi = 0 \\[2mm] \tau_{\rho\varphi} = -\dfrac{M}{\pi}\dfrac{\cos2\varphi+1}{\rho^2} \end{cases}$$

【例 4-5】 等厚度圆环内外半径分别为 a 和 b，以等角速度 ω 旋转，如图 4-6 所示，试求其应力和位移。

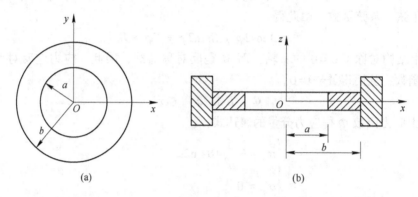

(a)   (b)

图 4-6 例 4-5 图

【解答】（1）本题为轴对称位移问题（平面应力情况），其特征为 $u_\varphi = 0$，u_ρ 只是 ρ 的函数。根据轴对称应力状态下的基本方程，求解平衡微分方程为式（4-6），其中 γ 为材料容重，g 为重力加速度，几何方程与物理方程分别为式（4-7）和式（4-8）。

$$\frac{d\sigma_\rho}{d\rho} + \frac{\sigma_\rho - \sigma_\varphi}{\rho} + \frac{\gamma\omega^2\rho}{g} = 0 \tag{4-6}$$

$$\varepsilon_\rho = \frac{du_\rho}{d\rho}, \quad \varepsilon_\varphi = \frac{u_\rho}{\rho}, \quad \gamma_{\rho\varphi} = 0 \tag{4-7}$$

$$\sigma_\rho = \frac{E}{1-\mu^2}\left(\frac{du_\rho}{d\rho} + \mu\frac{u_\rho}{\rho}\right), \quad \sigma_\varphi = \frac{E}{1-\mu^2}\left(\frac{u_\rho}{\rho} + \mu\frac{du_\rho}{d\rho}\right), \quad \tau_{\rho\varphi} = 0 \tag{4-8}$$

把式（4-8）代入式（4-6），得：

$$\frac{d^2u_\rho}{d\rho^2} + \frac{1}{\rho}\frac{du_\rho}{d\rho} - \frac{u_\rho}{\rho^2} + \frac{1-\mu^2}{E}\frac{\gamma\omega^2}{g}\rho = 0$$

$$u_\rho = A\rho + \frac{B}{\rho} - \frac{(1-\mu^2)\gamma\omega^2\rho^2}{8Eg} \tag{4-9}$$

式（4-9）代入式（4-8）得应力表达式：

$$\begin{cases} \sigma_\rho = C_1 - \dfrac{C_2}{\rho^2} - \dfrac{(3+\mu)\gamma\omega^2\rho^2}{8g} \\[3mm] \sigma_\varphi = C_1 + \dfrac{C_2}{\rho^2} - \dfrac{(1+3\mu)\gamma\omega^2\rho^2}{8g} \end{cases} \tag{4-10}$$

式中，$C_1 = \dfrac{EA}{1-\mu}$，$C_2 = \dfrac{EB}{1+\mu}$。

（2）由内外圈的边界条件确定常数，进而求出位移和应力。

$$(\sigma_\rho)_{\rho=a} = 0, \quad (\sigma_\rho)_{\rho=b} = 0$$

$$C_1 = \frac{(3+\mu)\gamma\omega^2}{8g}(a^2+b^2), \quad C_2 = \frac{(3+\mu)\gamma\omega^2}{8g}a^2b^2$$

$$\sigma_\rho = \frac{(3+\mu)\gamma\omega^2}{8g}\left[(a^2+b^2) - \rho^2 - \frac{a^2b^2}{\rho^2}\right]$$

$$\sigma_\varphi = \frac{(3+\mu)\gamma\omega^2}{8g}\left[(a^2+b^2) + \frac{a^2b^2}{\rho^2}\right] - \frac{(1+3\mu)\gamma\omega^2}{8g}\rho^2$$

$$u_\rho = \frac{(3+\mu)\gamma\omega^2}{8Eg}\left[(1-\mu)(a^2+b^2)\rho + \frac{(1+\mu)a^2b^2}{\rho} - \frac{1-\mu}{3+\mu}\rho^2\right]$$

【分析】（1）若圆环内圈自由，外圈和刚性环固接（外半径不能改变），如图 4-6（b）所示，此时可由下列边界条件求出常数：

$$(\sigma_\rho)_{\rho=a} = 0, \quad (\sigma_\rho)_{\rho=b} = 0$$

$$A = \frac{(1-\mu^2)\gamma\omega^2}{8Eg} \cdot \frac{(3+\mu)a^4 + (1-\mu)b^4}{(1+\mu)a^2 + (1-\mu)b^2}$$

$$B = -\frac{(1-\mu^2)\gamma\omega^2 a^2 b^2}{8Eg} \cdot \frac{(3+\mu)a^4 - (1+\mu)b^4}{(1+\mu)a^2 + (1-\mu)b^2}$$

代入式（4-9）和式（4-10），可得相应的位移与应力解答。

（2）若圆环外圈自由，中心无孔，此时为旋转的实心圆板。确定系数 B 的条件是：在 $\rho=0$ 处，径向位移 u_ρ 为有限值，从式（4-9）知，$B=0$，由外圈的应力边界条件确定 A。

$$(\sigma_\rho)_{\rho=b} = 0, \quad A = \frac{(1-\mu)b^2}{E} \frac{(3+\mu)\gamma\omega^2}{8g}$$

代入式（4-9）和式（4-10），可得相应的位移与应力解答。

（3）图 4-6（a）所示的圆环若不旋转，式（4-9）和式（4-10）中有关惯性力的最后一项为零，若内、外圈分别受均布压力 q_1 与 q_2，由边界条件可求得 A 与 B 的值。

$$(\sigma_\rho)_{\rho=a} = -q_1, \quad (\sigma_\rho)_{\rho=b} = -q_2$$

$$A = \frac{1-\mu}{E} \frac{a^2 q_1 - b^2 q_2}{b^2 - a^2}$$

$$B = \frac{1+\mu}{E} \frac{a^2 b^2 (q_1 - q_2)}{b^2 - a^2}$$

代入式（4-9）和式（4-10），可得相应的位移与应力解答。

【例 4-6】在如下的应力分量表达式

$$\begin{cases} \sigma_r = \dfrac{A}{r^2} + B(1 + 2\ln r) + 2C \\[2mm] \sigma_\theta = -\dfrac{A}{r^2} + B(3 + 2\ln r) + 2C \\[2mm] \tau_{r\theta} = 0 \end{cases}$$

中，设：

$$A = -\frac{4M}{N}a^2b^2\ln\frac{b}{a}$$

$$B = \frac{2M}{N}(a^2 - b^2)$$

$$C = \frac{M}{N}[b^2 - a^2 + 2(b^2\ln b - a^2\ln a)]$$

$$N = (b^2 - a^2)^2 - 4a^2b^2\left(\ln\frac{b}{a}\right)^2$$

试考察这样的应力分量能解答图 4-7 所示曲梁的什么问题。

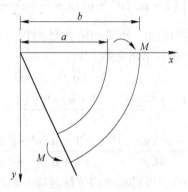

图 4-7　例 4-6 图

【解答】将上述应力分量代入应力边界条件表达式得到边界面力情况，在曲梁的两端给出面力的主矢和主矩。

$r=a$ 边界上：

$$(\sigma_r)_{r=a} = -\frac{4M}{N}b^2\ln\frac{b}{a} + \frac{2M}{N}(a^2 - b^2)(1 + 2\ln a) + \frac{2M}{N}[b^2 - a^2 + 2(b^2\ln b - a^2\ln a)]$$

$$= \frac{2M}{N}[-2b^2(\ln b - \ln a) + (a^2 - b^2)(1 + 2\ln a) + b^2 - a^2 + 2(b^2\ln b - a^2\ln a)]$$

$$= 0$$

$$\tau_{r\theta} = 0$$

$r=b$ 边界上：

$$(\sigma_r)_{r=b} = -\frac{4M}{N}a^2\ln\frac{b}{a} + \frac{2M}{N}(a^2 - b^2)(1 + 2\ln b) + \frac{2M}{N}[b^2 - a^2 + 2(b^2\ln b - a^2\ln a)]$$

$$= \frac{2M}{N}[-2a^2(\ln b - \ln a) + (a^2 - b^2)(1 + 2\ln b) + b^2 - a^2 + 2(b^2\ln b - a^2\ln a)]$$

$$= 0$$

$$\tau_{r\theta} = 0$$

所以，$r=a$ 边界和 $r=b$ 边界为自由边界。

在曲梁的两端给出面力的主矢和主矩为：

$$\int_a^b \sigma_\theta dr = A\int_a^b -\frac{1}{r^2}dr + B\int_a^b (3+2\ln r)dr + 2C\int_a^b dr$$

$$=A\left(\frac{1}{b}-\frac{1}{a}\right) + 3B(b-a) + 2B[b\ln b - a\ln a - (b-a)] + 2C(b-a)$$

$$=0$$

$$\int_a^b \tau_{r\theta}dr = 0$$

$$\int_a^b \sigma_\theta rdr = A\int_a^b -\frac{1}{r}dr + B\int_a^b (3+2\ln r)rdr + 2C\int_a^b rdr$$

$$= -A\ln\frac{b}{a} + \frac{3}{2}B(b^2-a^2) + B\left[b^2\ln b - a^2\ln a - \frac{1}{2}(b^2-a^2)\right] + C(b^2-a^2)$$

$$= -\frac{M}{N}\left[(b^2-a^2)^2 - 4a^2b^2\left(\ln\frac{b}{a}\right)^2\right]$$

$$= -M$$

因为应力分量与 θ 无关，所以，两端处的面力的合力是相同的，主矢为零，主矩为 $-M$。故上述应力分量能解答平面曲梁的纯弯问题。M 作用方向使得内弧边受拉。

【分析】平面曲梁纯弯产生横向的挤压应力，平面直梁纯弯不会产生横向的挤压应力。另外，由于应力分量与 θ 无关，所以，应力分量是轴对称的；由于 $B\neq 0$，所以，由轴对称问题的位移公式

$$\begin{cases} u_r = \frac{1}{E}\left[-(1+\mu)\frac{A}{r} + (1-3\mu)Br + 2(1-\mu)Br(\ln r - 1) + 2(1-\mu)Cr\right] + \\ \qquad I\sin\theta + K\cos\theta \\ u_\theta = \frac{4Br\theta}{E} + Hr + I\cos\theta - K\sin\theta \end{cases}$$

可知位移并非轴对称。

【例4-7】如图 4-8 所示楔形体在两侧面上受有均布的剪力 q，试求其应力分量。

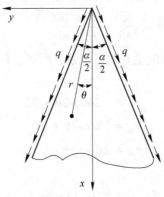

图 4-8　例 4-7 图

【解答】（1）本题采用量纲分析的方法确定应力函数。应力分量决于 α、q、r、θ，因 α、θ 为无量纲，q 的量纲为 ［力］／［长度］^{2}，与应力的量纲相同，因此，各应力分量的表达式只可能取 Nq 的形式，而 N 是只含 α、θ 的无量纲函数，即应力分量表达式中不可能

出现 r，再由式

$$\begin{cases} \sigma_r = \dfrac{1}{r}\dfrac{\partial \varphi}{\partial r} + \dfrac{1}{r^2}\dfrac{\partial^2 \varphi}{\partial \theta^2} \\[3mm] \sigma_\theta = \dfrac{\partial^2 \varphi}{\partial r^2} \\[3mm] \tau_{r\theta} = -\dfrac{\partial}{\partial r}\left(\dfrac{1}{r}\dfrac{\partial \varphi}{\partial \theta}\right) = \dfrac{1}{r^2}\dfrac{\partial \varphi}{\partial \theta} - \dfrac{1}{r}\dfrac{\partial^2 \varphi}{\partial r \partial \theta} \end{cases}$$

可知，应力函数的 r 幂次应比应力分量高两次，故设：

$$\varphi = r^2 f(\theta)$$

（2）代入相容方程 $\nabla^2 \nabla^2 \varphi = \left(\dfrac{\partial^2}{\partial r^2} + \dfrac{1}{r}\dfrac{\partial}{\partial r} + \dfrac{1}{r^2}\dfrac{\partial^2}{\partial \theta^2}\right)\left(\dfrac{\partial^2 \varphi}{\partial r^2} + \dfrac{1}{r}\dfrac{\partial \varphi}{\partial r} + \dfrac{1}{r^2}\dfrac{\partial^2 \varphi}{\partial \theta^2}\right) = 0$ 得：

$$\frac{1}{r^2}\left[\frac{d^4 f(\theta)}{d\theta^4} + 4\frac{d^2 f(\theta)}{d\theta^2}\right] = 0$$

解得：

$$f(\theta) = A\sin 2\theta + B\cos 2\theta + C\theta + D$$

故：

$$\varphi = r^2(A\sin 2\theta + B\cos 2\theta + C\theta + D)$$

（3）由
$$\begin{cases} \sigma_r = \dfrac{1}{r}\dfrac{\partial \varphi}{\partial r} + \dfrac{1}{r^2}\dfrac{\partial^2 \varphi}{\partial \theta^2} \\[3mm] \sigma_\theta = \dfrac{\partial^2 \varphi}{\partial r^2} \\[3mm] \tau_{r\theta} = -\dfrac{\partial}{\partial r}\left(\dfrac{1}{r}\dfrac{\partial \varphi}{\partial \theta}\right) = \dfrac{1}{r^2}\dfrac{\partial \varphi}{\partial \theta} - \dfrac{1}{r}\dfrac{\partial^2 \varphi}{\partial r \partial \theta} \end{cases}$$
得应力分量，同时注意到问题的对称性，

正应力应是 θ 的偶函数，剪应力应是 θ 的奇函数，所以，仅需保留应力函数式中的偶函数项，故令 $A = 0$，$C = 0$，于是：

$$\begin{cases} \sigma_r = -2B\cos 2\theta + 2D \\ \sigma_\theta = 2B\cos 2\theta + 2D \\ \tau_{r\theta} = 2B\sin 2\theta \end{cases}$$

（4）应力边界条件为：

$$(\sigma_\theta)_{\theta = \frac{a}{2}} = 0, \quad (\tau_{r\theta})_{\theta = \frac{a}{2}} = q$$

由此求出常数：

$$B = \frac{q}{2\sin\alpha}, \quad D = -\frac{q}{2\tan\alpha}$$

（5）应力解答为：

$$\sigma_r = -\left(\frac{q}{\sin\alpha}\cos2\theta + q\cot\alpha\right), \quad \sigma_\theta = \frac{q}{\sin\alpha}\cos2\theta - q\cot\alpha, \quad \tau_{r\theta} = \frac{q}{\sin\alpha}\sin2\theta$$

【分析】对称的楔形体，在对称荷载作用下，正应力 σ_r、σ_θ 应是 θ 的偶函数，剪应力 $\tau_{r\theta}$ 应是 θ 的奇函数，所以，仅需保留应力函数式中的偶函数项。在反对称荷载作用下，σ_r、σ_θ 应是 θ 的奇函数，$\tau_{r\theta}$ 应是 θ 的偶函数，所以，仅需保留应力函数式中的奇函数项。

【例 4-8】 如图 4-9 所示，在薄板内距边界较远的某一点处，应力分量为 $\sigma_x = \sigma_y = 0$，$\tau_{xy} = q$，如该处有一小圆孔，试求孔边的最大正应力。

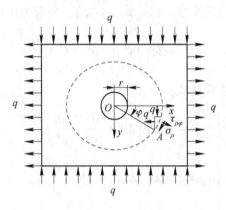

图 4-9　例 4-8 图

【解答】 求出两个主应力，即

$$\left.\begin{array}{c}\sigma_1 \\ \sigma_3\end{array}\right\} = \frac{\sigma_x + \sigma_y}{2} \pm \sqrt{\left(\frac{\sigma_x - \sigma_y}{2}\right)^2 + \tau_{xy}^2} = \pm q$$

原来的问题变为矩形薄板在左右两边受均布拉力 q 而在上下两边受均布压力 q，如图 4-9 所示。

应力分量 $\sigma_x = q$，$\sigma_y = -q$，$\tau_{xy} = 0$ 代入坐标变换式，得到外边界上的边界条件：

$$(\sigma_\rho)_{\rho=R} = q\cos2\varphi \tag{4-11}$$

$$(\tau_{\rho\varphi})_{\rho=R} = -q\sin2\varphi \tag{4-12}$$

在孔边，边界条件是：

$$(\sigma_\rho)_{\rho=r} = 0 \tag{4-13}$$

$$(\tau_{\rho\varphi})_{\rho=r} = 0 \tag{4-14}$$

由边界条件式（4-11）~式（4-14）可见，用半逆解法时，可假设 σ_ρ 为 ρ 的某一函数乘以 $\cos2\varphi$，而 $\tau_{\rho\varphi}$ 为 ρ 的另一函数乘以 $\sin2\varphi$。而

$$\sigma_\rho = \frac{1}{\rho}\frac{\partial \Phi}{\partial \rho} + \frac{1}{\rho^2}\frac{\partial^2 \Phi}{\partial \rho^2}, \quad \tau_{\rho\varphi} = -\frac{\partial}{\partial \rho}\left(\frac{1}{\rho}\frac{\partial \Phi}{\partial \rho}\right)$$

因此可假设

$$\Phi = f(\rho)\cos 2\varphi \tag{4-15}$$

将式（4-15）代入相容方程，得：

$$\cos\left[\frac{\mathrm{d}^4 f(\rho)}{\mathrm{d}\rho^4} + \frac{2}{\rho}\frac{\mathrm{d}^3 f(\rho)}{\mathrm{d}\rho^3} - \frac{9}{\rho^2}\frac{\mathrm{d}^2 f(\rho)}{\mathrm{d}\rho^2} + \frac{9}{\rho^3}\frac{\mathrm{d} f(\rho)}{\mathrm{d}\rho}\right] = 0$$

删去因子 $\cos 2\varphi$ 以后，求解这个常微分方程，得：

$$f(\rho) = A\rho^4 + B\rho^3 + C + \frac{D}{\rho^2}$$

其中 A、B、C、D 为待定常数，代入式（4-15），得应力函数：

$$\Phi = \cos 2\varphi\left(A\rho^4 + B\rho^2 + C + \frac{D}{\rho^2}\right) \tag{4-16}$$

由应力函数得应力分量表达式：

$$\begin{cases} \sigma_\rho = -\cos 2\varphi\left(2B + \frac{4C}{\rho^2} + \frac{6D}{\rho^4}\right) \\[2mm] \sigma_\varphi = \cos 2\varphi\left(12A\rho^2 + 2B + \frac{6D}{\rho^4}\right) \\[2mm] \tau_{\rho\varphi} = \sin 2\varphi\left(6A\rho^3 + 2B - \frac{2C}{\rho^2} - \frac{6D}{\rho^4}\right) \end{cases}$$

将上式代入应力边界条件，
由式（4-11）得：

$$2B + \frac{4C}{R^2} + \frac{6D}{R^4} = -q \tag{4-17}$$

由式（4-12）得：

$$6AR^2 + 2B - \frac{2C}{R^2} - \frac{6D}{R^4} = -q \tag{4-18}$$

由式（4-13）得：

$$2B + \frac{4C}{r^2} + \frac{6D}{r^4} = 0 \tag{4-19}$$

由式（4-14）得：

$$6Ar^2 + 2B - \frac{2C}{r^2} - \frac{6D}{r^4} = 0 \tag{4-20}$$

联立求解式（4-17）~式（4-20），并命 $\dfrac{r}{R} \to 0$，得：

$$A = 0, \ B = -\frac{q}{2}, \ C = qr^2, \ D = -\frac{qr^4}{2}$$

将各系数值代入应力分量的表达式，得：

$$
\begin{cases}
\sigma_\rho = q\cos2\varphi\left(1 - \frac{r^2}{\rho^2}\right)\left(1 - 3\frac{r^2}{\rho^2}\right) \\[2mm]
\sigma_\varphi = -q\cos2\varphi\left(1 + 3\frac{r^2}{\rho^2}\right) \\[2mm]
\tau_{\rho\varphi} = \tau_{\varphi\rho} = -q\sin2\varphi\left(1 - \frac{r^2}{\rho^2}\right)\left(1 + 3\frac{r^2}{\rho^2}\right)
\end{cases}
$$

沿着孔边 $\rho = r$，环向正应力为：

$$\sigma_\varphi = -4q\cos2\varphi$$

最大环向正应力为 $(\sigma_\varphi)_{max} = 4q$。

【Example 4-1】 As shown in Figure 4-1, the wedge is subjected to the concentrated force P at the top, try to use the stress function $\Phi = \rho\varphi(C\cos\varphi + D\sin\varphi)$ to find its stress component.

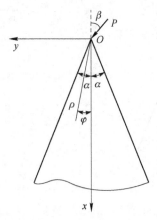

Figure 4-1   Example 4-1

【Answer】 (1) Substitute the given stress function into the compatibility equation, and it is found that the compatibility equation is satisfied.

(2) Find the stress component:

$$\sigma_\rho = \frac{2}{\rho}(D\cos\varphi - C\sin\varphi), \ \sigma_\varphi = \tau_{\rho\varphi} = 0$$

(3) The stress boundary conditions on both sides of the wedge can naturally satisfy:

$$(\sigma_\varphi)_{\varphi = \pm\alpha} = 0, \ (\tau_{\rho\varphi})_{\varphi = \pm\alpha} = 0$$

Consider the static equilibrium condition on the upper part of the wedge with radius ρ:

$$\sum F_x = 0, \ \int_{-a}^{a} (\sigma_\rho\cos\varphi\rho)\,\mathrm{d}\varphi + P\cos\beta = 0$$

$$\sum F_y = 0, \quad \int_{-a}^{a} (\sigma_\rho \sin\varphi \rho)\, d\varphi + P\sin\beta = 0$$

This gives the constant:

$$C = \frac{P\sin\beta}{2\alpha - \sin2\alpha}, \quad D = -\frac{P\cos\beta}{2\alpha + \sin2\alpha}$$

(4) Stress solution:

$$\begin{cases} \sigma_\rho = -\dfrac{2P\cos\beta\cos\varphi}{(2\alpha + \sin2\alpha)\rho} - \dfrac{2P\sin\beta\sin\varphi}{(2\alpha - \sin2\alpha)\rho} \\ \sigma_\varphi = \tau_{\rho\varphi} = 0 \end{cases}$$

【Analysis】 (1) The concentrated force at the top of the wedge is actually evenly distributed along the z-axis (longitudinal), and the dimension is MT^{-2}.

(2) Using the solution of this question, we can obtain the wedge and half-plane body shown in Figure 4-2. When the point O is acted by the horizontal or vertical concentrated force P stress solution.

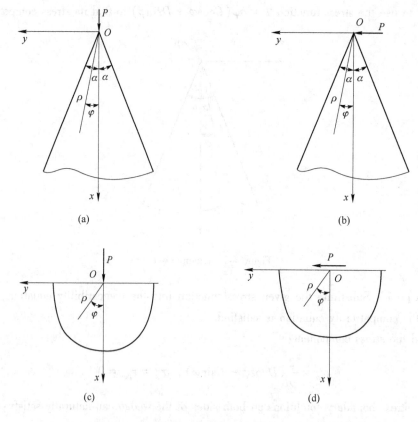

Figure 4-2   Example 4-1 analysis

(a) $\beta = 0$, $\sigma_\rho = -\dfrac{2P\sin\varphi}{(2\alpha + \sin2\alpha)\rho}$;   (b) $\beta = \dfrac{\pi}{2}$, $\sigma_\rho = -\dfrac{2P\sin\varphi}{(2\alpha - \sin2\alpha)\rho}$;

(c) $\beta = 0$, $\alpha = \dfrac{\pi}{2}$, $\sigma_\rho = -\dfrac{2P\cos\varphi}{\pi\rho}$;   (d) $\beta = \dfrac{\pi}{2}$, $\alpha = \dfrac{\pi}{2}$, $\sigma_\rho = -\dfrac{2P\sin\varphi}{\pi\rho}$

【**Example 4-2**】 On the triangular cantilever beam as shown in Figure 4-3, the upper boundary $y=0$ is subjected to the uniform pressure q, try to solve the stress component with the following stress function $\Phi = C[\rho^2(\alpha - \varphi) + \rho^2\sin\varphi\cos\varphi - \rho^2\cos^2\varphi\tan\alpha]$.

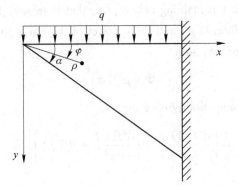

Figure 4-3   Example 4-2

【**Solution**】 The stress function Φ should satisfy the compatibility equation and boundary conditions, so that the constant can be solved:

$$C = \frac{q}{2(\tan\alpha - \alpha)}$$

The obtained stress solution is:

$$
\begin{cases}
\sigma_\rho = \dfrac{q}{\tan\alpha - \alpha}(\alpha - \varphi - \sin\varphi\cos\varphi - \tan\alpha\sin^2\varphi) \\[3mm]
\sigma_\varphi = \dfrac{q}{\tan\alpha - \alpha}(\alpha - \varphi + \sin\varphi\cos\varphi - \tan\alpha\cos^2\varphi) \\[3mm]
\tau_{\rho\varphi} = \dfrac{q}{\tan\alpha - \alpha}(\sin^2\varphi - \tan\alpha\sin\varphi\cos\varphi)
\end{cases}
$$

【**Example 4-3**】 As shown in Figure 4-4, the wedge-shaped body is subjected to linearly distributed liquid pressure $q = \rho g$ on both sides (ρ is the liquid density), and try to find its stress component.

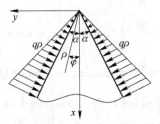

Figure 4-4   Example 4-3

【Answer】（1）In this question, the method of dimensional analysis is used to determine the stress function. The stress component depends on α, q, ρ, φ, since α, φ has dimension 1 and q has dimension $L^{-2}MT^{-2}$. The expression of the stress component can only take the form of $Nq\rho$, and N is a function of dimension 1 containing only α, φ, that is to say, the expression of the stress component is a pure linear form of ρ, and the ρ power of the stress function should be two times higher than the stress component, so let

$$\Phi = \rho^3 f(\varphi)$$

（2）Substitute into the compatibility equation：

$$\frac{1}{\rho}\left[\frac{d^4 f(\varphi)}{d\varphi^4} + 10\frac{d^2 f(\varphi)}{d\varphi^2} + 9f(\varphi)\right] = 0$$

Solutions have to

$$f(\varphi) = A\cos\varphi + B\sin\varphi + C\cos3\varphi + D\sin3\varphi$$

Therefore there is

$$\Phi = \rho^3(A\cos\varphi + B\sin\varphi + C\cos3\varphi + D\sin3\varphi)$$

（3）Solve the stress components, and notice that under the symmetrical load, the normal stress should be an even function of φ, and the shear stress should be an odd function of φ. Therefore, it is only necessary to retain the even function term in the stress function, so let $B=0$, $D=0$, so

$$\begin{cases}\sigma_\rho = -2\rho(3C\cos3\varphi - A\cos\varphi) \\ \sigma_\varphi = 6\rho(C\cos3\varphi + A\cos\varphi) \\ \tau_{\rho\varphi} = 2\rho(2C\sin3\varphi + A\sin\varphi)\end{cases}$$

（4）Stress boundary conditions：

$$(\sigma_\varphi)_{\varphi=\pm\alpha} = -q\rho, \quad (\tau_{\rho\varphi})_{\varphi=\pm\alpha} = 0$$

This gives the constant：

$$A = \frac{q\sin3\alpha}{2N}, \quad B = -\frac{q\sin\alpha}{6N}, \quad N = \cos3\alpha\sin\alpha - 3\sin3\alpha\cos\alpha$$

（5）Stress solution：

$$\begin{cases}\sigma_\rho = \frac{q\rho}{N}(\sin\alpha\cos3\varphi + \sin3\alpha\cos\varphi) \\ \sigma_\varphi = \frac{q\rho}{N}(3\sin3\alpha\cos\varphi - \sin\alpha\cos3\varphi) \\ \tau_{\rho\varphi} = \frac{q\rho}{N}(\sin3\alpha\sin\varphi - \sin\alpha\sin3\varphi)\end{cases}$$

【Example 4-4】 Suppose a half-plane body is subjected to a concentrated force couple on a straight boundary, and the couple moment per unit width is M, as shown in Figure 4-5, and try to find the stress component.

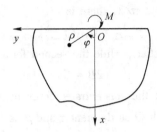

Figure 4-5   Example 4-4

【Answer】 Apply the semi-inverse solution method to solve.

(1) According to the dimensional analysis method, the dimension of the couple moment per unit width is the same as that of the force. The stress should be related to M, ρ, φ. Since the dimension of the stress is the force per unit area, that is, $L^{-1}MT^{-2}$, the stress can only be combined in the form of M/ρ^2.

(2) Φ should be a quadratic power higher than the length dimension of stress, it can be assumed that $\Phi = \Phi(\rho)$.

(3) Substituting Φ into the compatibility equation, we get:

$$\frac{1}{\rho^4}\left(\frac{d^4\Phi}{d\varphi^4} + 4\frac{d^2\Phi}{d\varphi^2}\right) = 0$$

Deleting the factor $\dfrac{1}{\rho^4}$ yields an ordinary differential equation for $\Phi = (\rho)$. Let its solution be $\Phi = e^{\lambda\varphi}$, and substitute it into the above formula, we can get a characteristic equation about λ,

$$\lambda^2(\lambda^2 + 4) = 0 \tag{4-1}$$

The solution are $\lambda = 2i$, $-2i$, 0, 0. Then four solutions $ae^{2i\varphi}$, $be^{-2i\varphi}$, $c\varphi$, d of Φ are obtained; the first two terms can be composed of sine and cosine functions. From this we get

$$\Phi = A\cos2\varphi + B\sin2\varphi + C\varphi + D \tag{4-2}$$

In this problem, the structure is symmetrical about the x-axis of $\varphi = 0$, and M is an antisymmetric load. Therefore, the stress should be antisymmetrical to the x-axis and be an odd function of φ, so that $A = D = 0$ is obtained.

$$\Phi = B\sin2\varphi + C\varphi \tag{4-3}$$

(4) The expression of the stress component obtained from the stress function Φ:

$$\begin{cases} \sigma_\rho = -\dfrac{1}{\rho^2}4B\sin2\varphi \\[2mm] \sigma_\varphi = 0 \\[2mm] \tau_{\rho\varphi} = \dfrac{1}{\rho^2}(2B\cos2\varphi + C) \end{cases}$$

(5) Check the boundary conditions. Since the origin O has a concentrated force couple, the conditions on the large boundary and the conditions near the origin should be investigated separately.

On the boundary of $\rho \neq 0$, $\varphi = \pm \pi/2$, there is

$$(\sigma_\varphi)_{\rho \neq 0,\ \varphi = \pm\pi/2} = 0, \quad (\tau_{\rho\varphi})_{\rho \neq 0,\ \varphi = \pm\pi/2} = 0$$

The former form is naturally satisfied, while the second form becomes:

$$2B = C \tag{4-4}$$

In order to consider the effect of the concentrated force couple near the origin O, take out a small part of the detached body with O as the center and ρ as the radius, and list its equilibrium conditions:

$$\begin{cases} \sum F_x = 0, \ \displaystyle\int_{-\pi/2}^{\pi/2} [(\sigma_\rho)_{\rho=\rho}\cos\varphi\rho\mathrm{d}\varphi - (\tau_{\rho\varphi})_{\rho=\rho}\sin\varphi\rho\mathrm{d}\varphi] = 0 \\[2mm] \sum F_y = 0, \ \displaystyle\int_{-\pi/2}^{\pi/2} [(\sigma_\rho)_{\rho=\rho}\sin\varphi\rho\mathrm{d}\varphi + (\tau_{\rho\varphi})_{\rho=\rho}\cos\varphi\rho\mathrm{d}\varphi] = 0 \\[2mm] \sum M_0 = 0, \ \displaystyle\int_{-\pi/2}^{\pi/2} (\tau_{\rho\varphi})_{\rho=\rho}\rho^2\mathrm{d}\varphi + M = 0 \end{cases}$$

In the above formula, the first two formulas are naturally satisfied, and the third formula becomes:

$$2B = -\frac{M}{\pi} \tag{4-5}$$

Substituting equation (4-5) into equation (4-4), we get:

$$C = -\frac{M}{\pi}$$

Substituting the coefficients into the expression of the stress components, we get:

$$\begin{cases} \sigma_\rho = \dfrac{2M}{\pi}\dfrac{\sin 2\varphi}{\rho^2} \\[3mm] \sigma_\varphi = 0 \\[3mm] \tau_{\rho\varphi} = -\dfrac{M}{\pi}\dfrac{\cos 2\varphi + 1}{\rho^2} \end{cases}$$

【**Example 4-5**】 The inner and outer radii of a ring of equal thickness are a and b, and it rotates at an equal angular velocity ω, as shown in Figure 4-6, and try to find its stress and displacement.

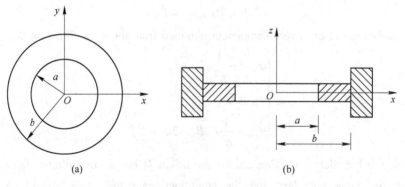

(a)   (b)

Figure 4-6   Example 4-5

【Answer】 (1) This problem is axisymmetric displacement problem (plane stress situation), which is characterized by $u_\varphi = 0$, u_ρ is only a function of ρ. According to the basic equation under the axisymmetric stress state, the equilibrium differential equation is solved as equation (4-6), where γ is the bulk density of the material, g is the acceleration of gravity, and the geometric and physical equations are equations (4-7) and (4-8) .

$$\frac{d\sigma_\rho}{d\rho} + \frac{\sigma_\rho - \sigma_\varphi}{\rho} + \frac{\gamma\omega^2\rho}{g} = 0 \tag{4-6}$$

$$\varepsilon_\rho = \frac{du_\rho}{d\rho}, \quad \varepsilon_\varphi = \frac{u_\rho}{\rho}, \quad \gamma_{\rho\varphi} = 0 \tag{4-7}$$

$$\sigma_\rho = \frac{E}{1-\mu^2}\left(\frac{du_\rho}{d\rho} + \mu\frac{u_\rho}{\rho}\right), \quad \sigma_\varphi = \frac{E}{1-\mu^2}\left(\frac{u_\rho}{\rho} + \mu\frac{du_\rho}{d\rho}\right), \quad \tau_{\rho\varphi} = 0 \tag{4-8}$$

Substituting formula (4-8) into formula (4-6), we get:

$$\frac{d^2u_\rho}{d\rho^2} + \frac{1}{\rho}\frac{du_\rho}{d\rho} - \frac{u_\rho}{\rho^2} + \frac{1-\mu^2}{E}\frac{\gamma\omega^2}{g}\rho = 0 \tag{4-9}$$

$$u_\rho = A\rho + \frac{B}{\rho} - \frac{(1-\mu^2)\gamma\omega^2\rho^2}{8Eg}$$

Substitute formula (4-9) into formula (4-8) to get the stress expression:

$$\begin{cases} \sigma_\rho = C_1 - \dfrac{C_2}{\rho^2} - \dfrac{(3+\mu)\gamma\omega^2\rho^2}{8g} \\ \sigma_\varphi = C_1 + \dfrac{C_2}{\rho^2} - \dfrac{(1+3\mu)\gamma\omega^2\rho^2}{8g} \end{cases} \tag{4-10}$$

In the formula, $C_1 = \dfrac{EA}{1-\mu}$, $C_2 = \dfrac{EB}{1+\mu}$.

(2) Determine the constants from the boundary conditions of the inner and outer rings, and then obtain the displacement and stress.

$$(\sigma_\rho)_{\rho=a} = 0, \quad (\sigma_\rho)_{\rho=b} = 0$$

$$C_1 = \frac{(3+\mu)\gamma\omega^2}{8g}(a^2+b^2), \quad C_2 = \frac{(3+\mu)\gamma\omega^2}{8g}a^2b^2$$

$$\sigma_\rho = \frac{(3+\mu)\gamma\omega^2}{8g}\left[(a^2+b^2) - \rho^2 - \frac{a^2b^2}{\rho^2}\right]$$

$$\sigma_\varphi = \frac{(3+\mu)\gamma\omega^2}{8g}\left[(a^2+b^2) + \frac{a^2b^2}{\rho^2}\right] - \frac{(1+3\mu)\gamma\omega^2}{8g}\rho^2$$

$$u_\rho = \frac{(3+\mu)\gamma\omega^2}{8Eg}\left[(1-\mu)(a^2+b^2)\rho + \frac{(1+\mu)a^2b^2}{\rho} - \frac{1-\mu}{3+\mu}\rho^2\right]$$

【Analysis】 (1) If the inner ring of the ring is free, and the outer ring and the rigid ring are fixed (the outer radius cannot be changed), as shown in Figure 4-6 (b), the constant can be obtained from the following boundary conditions:

$$(\sigma_\rho)_{\rho=a} = 0, \quad (\sigma_\rho)_{\rho=b} = 0$$

$$A = \frac{(1 - \mu^2)\gamma\omega^2}{8Eg} \cdot \frac{(3 + \mu)a^4 + (1 - \mu)b^4}{(1 + \mu)a^2 + (1 - \mu)b^2}$$

$$B = -\frac{(1 - \mu^2)\gamma\omega^2 a^2 b^2}{8Eg} \cdot \frac{(3 + \mu)a^4 - (1 + \mu)b^4}{(1 + \mu)a^2 + (1 - \mu)b^2}$$

Substituting into equations (4-9) and (4-10), the corresponding displacement and stress solutions can be obtained.

(2) If the outer ring of the ring is free and there is no hole in the center, it is a solid rotating plate at this time. The condition for determining the coefficient B is: at $\rho = 0$, the radial displacement u_ρ is a finite value. From formula (4-9), we know that $B = 0$, and A is determined by the stress boundary condition of the outer ring.

$$(\sigma_\rho)_{\rho = b} = 0, \quad A = \frac{(1 - \mu)b^2}{E} \frac{(3 + \mu)\gamma\omega^2}{8g}$$

Substituting into equations (4-9) and (4-10), the corresponding displacement and stress solutions can be obtained.

(3) If the ring shown in Figure 4-6 (a) does not rotate, the last term of the inertial force in equations (4-9) and (4-10) is zero. If the inner and outer rings are subjected to uniform pressures q_1 and q_2. The values of A and B can be obtained from the boundary conditions.

$$(\sigma_\rho)_{\rho = a} = -q_1, \quad (\sigma_\rho)_{\rho = b} = -q_2$$

$$A = \frac{1 - \mu}{E} \frac{a^2 q_1 - b^2 q_2}{b^2 - a^2}$$

$$B = \frac{1 + \mu}{E} \frac{a^2 b^2 (q_1 - q_2)}{b^2 - a^2}$$

Substituting into equations (4-9) and (4-10), the corresponding displacement and stress solutions can be obtained.

【Example 4-6】 In the following stress component expressions

$$\begin{cases} \sigma_r = \dfrac{A}{r^2} + B(1 + 2\ln r) + 2C \\[3mm] \sigma_\theta = -\dfrac{A}{r^2} + B(3 + 2\ln r) + 2C \\[3mm] \tau_{r\theta} = 0 \end{cases}$$

In this formula, let:

$$A = -\frac{4M}{N}a^2 b^2 \ln \frac{b}{a}$$

$$B = \frac{2M}{N}(a^2 - b^2)$$

$$C = \frac{M}{N}[b^2 - a^2 + 2(b^2\ln b - a^2\ln a)]$$

$$N = (b^2 - a^2)^2 - 4a^2 b^2 \left(\ln \frac{b}{a}\right)^2$$

See what question such a stress component can answer for the curved beam shown in Figure 4-7.

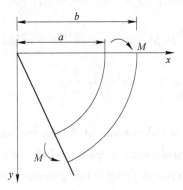

Figure 4-7   Example 4-6

【Answer】 Substitute the above stress components into the stress boundary condition expression to obtain the boundary face force, and give the principal vector and principal moment of the surface force at both ends of the curved beam.

On the border of $r=a$:

$$(\sigma_r)_{r=a} = -\frac{4M}{N}b^2\ln\frac{b}{a} + \frac{2M}{N}(a^2 - b^2)(1 + 2\ln a) + \frac{2M}{N}[b^2 - a^2 + 2(b^2\ln b - a^2\ln a)]$$

$$= \frac{2M}{N}[-2b^2(\ln b - \ln a) + (a^2 - b^2)(1 + 2\ln a) + b^2 - a^2 + 2(b^2\ln b - a^2\ln a)]$$

$$= 0$$

$$\tau_{r\theta} = 0$$

On the border of $r=b$:

$$(\sigma_r)_{r=b} = -\frac{4M}{N}a^2\ln\frac{b}{a} + \frac{2M}{N}(a^2 - b^2)(1 + 2\ln b) + \frac{2M}{N}[b^2 - a^2 + 2(b^2\ln b - a^2\ln a)]$$

$$= \frac{2M}{N}[-2a^2(\ln b - \ln a) + (a^2 - b^2)(1 + 2\ln b) + b^2 - a^2 + 2(b^2\ln b - a^2\ln a)]$$

$$= 0$$

$$\tau_{r\theta} = 0$$

Therefore, the $r=a$ boundary and the $r=b$ boundary are free boundaries.

The principal vectors and principal moments giving the surface forces at both ends of the curved beam are:

$$\int_a^b \sigma_\theta dr = A\int_a^b -\frac{1}{r^2}dr + B\int_a^b (3 + 2\ln r)dr + 2C\int_a^b dr$$

$$= A\left(\frac{1}{b} - \frac{1}{a}\right) + 3B(b - a) + 2B[b\ln b - a\ln a - (b - a)] + 2C(b - a)$$

$$= 0$$

$$\int_a^b \tau_{r\theta} dr = 0$$

$$\int_a^b \sigma_\theta r\,dr = A\int_a^b -\frac{1}{r}dr + B\int_a^b (3+2\ln r)r\,dr + 2C\int_a^b r\,dr$$

$$= -A\ln\frac{b}{a} + \frac{3}{2}B(b^2-a^2) + B\left[b^2\ln b - a^2\ln a - \frac{1}{2}(b^2-a^2)\right] + C(b^2-a^2)$$

$$= -\frac{M}{N}\left[(b^2-a^2)^2 - 4a^2b^2\left(\ln\frac{b}{a}\right)^2\right]$$

$$= -M$$

Because the stress component is independent of θ, the resultant force of the surface forces at both ends is the same, the principal vector is zero, and the principal moment is $-M$. Therefore, the above stress components can solve the pure bending problem of plane curved beams. The action direction of M causes the inner arc edge to be pulled.

【Analysis】 The pure bending of the plane curved beam produces transverse extrusion stress, and the pure bending of the plane straight beam does not generate the transverse extrusion stress. In addition, since the stress component has nothing to do with θ, the stress component is axisymmetric; because of $B\neq 0$, the displacement formula:

$$\begin{cases} u_r = \frac{1}{E}\left[-(1+\mu)\frac{A}{r} + (1-3\mu)Br + 2(1-\mu)Br(\ln r - 1) + 2(1-\mu)Cr\right] + \\ \qquad I\sin\theta + K\cos\theta \\ u_\theta = \frac{4Br\theta}{E} + Hr + I\cos\theta - K\sin\theta \end{cases}$$

of the axisymmetric problem shows that the displacement is not axisymmetric.

【Example 4-7】 As shown in Figure 4-8, the wedge is subjected to a uniform shear force q on both two sides, and try to find its stress component.

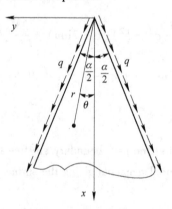

Figure 4-8 Example 4-7

【Answer】 (1) This problem uses the method of dimensional analysis to determine the stress function. The stress component depends on α, q, r, θ, because α, θ is dimensionless, and the dimension of q is [force] / [length]^2, which is the same as the dimension of stress. Therefore, the expression of each stress component can only take the form of Nq, and N is a dimensionless function containing only α and θ, that is, it is impossible for r to appear in the expression of the

stress component. Then it can be known from equation

$$\begin{cases} \sigma_r = \dfrac{1}{r}\dfrac{\partial\varphi}{\partial r} + \dfrac{1}{r^2}\dfrac{\partial^2\varphi}{\partial\theta^2} \\[2mm] \sigma_\theta = \dfrac{\partial^2\varphi}{\partial r^2} \\[2mm] \tau_{r\theta} = -\dfrac{\partial}{\partial r}\left(\dfrac{1}{r}\dfrac{\partial\varphi}{\partial\theta}\right) = \dfrac{1}{r^2}\dfrac{\partial\varphi}{\partial\theta} - \dfrac{1}{r}\dfrac{\partial^2\varphi}{\partial r\partial\theta} \end{cases},$$

the r power should be two times higher than the stress component, late setting:

$$\varphi = r^2 f(\theta)$$

(2) Substitute into the compatibility equation, $\nabla^2\nabla^2\varphi = \left(\dfrac{\partial^2}{\partial r^2} + \dfrac{1}{r}\dfrac{\partial}{\partial r} + \dfrac{1}{r^2}\dfrac{\partial^2}{\partial\theta^2}\right)\left(\dfrac{\partial^2\varphi}{\partial r^2} + \right.$

$\left. \dfrac{1}{r}\dfrac{\partial\varphi}{\partial r} + \dfrac{1}{r^2}\dfrac{\partial^2\varphi}{\partial\theta^2}\right) = 0$ to get:

$$\frac{1}{r^2}\left[\frac{d^4 f(\theta)}{d\theta^4} + 4\frac{d^2 f(\theta)}{d\theta^2}\right] = 0$$

Solutions have to:

$$f(\theta) = A\sin2\theta + B\cos2\theta + C\theta + D$$

Therefore:

$$\varphi = r^2(A\sin2\theta + B\cos2\theta + C\theta + D)$$

(3) Obtain the stress component from the formula:

$$\begin{cases} \sigma_r = \dfrac{1}{r}\dfrac{\partial\varphi}{\partial r} + \dfrac{1}{r^2}\dfrac{\partial^2\varphi}{\partial\theta^2} \\[2mm] \sigma_\theta = \dfrac{\partial^2\varphi}{\partial r^2} \\[2mm] \tau_{r\theta} = -\dfrac{\partial}{\partial r}\left(\dfrac{1}{r}\dfrac{\partial\varphi}{\partial\theta}\right) = \dfrac{1}{r^2}\dfrac{\partial\varphi}{\partial\theta} - \dfrac{1}{r}\dfrac{\partial^2\varphi}{\partial r\partial\theta} \end{cases}$$, and at the same time pay attention to the symmetry of

the problem. The normal stress should be an even function of θ, and the shear stress should be an odd function of θ. Therefore, only the even function term in the stress function formula needs to be retained, so let $A=0$, $C=0$, so:

$$\begin{cases} \sigma_r = -2B\cos2\theta + 2D \\ \sigma_\theta = 2B\cos2\theta + 2D \\ \tau_{r\theta} = 2B\sin2\theta \end{cases}$$

(4) The stress boundary conditions are:

$$(\sigma_\theta)_{\theta=\frac{\alpha}{2}} = 0, \quad (\tau_{r\theta})_{\theta=\frac{\alpha}{2}} = q$$

Find the constant:

$$B = \frac{q}{2\sin\alpha}, \quad D = -\frac{q}{2\tan\alpha}$$

(5) The stress solution is:

$$\sigma_r = -\left(\frac{q}{\sin\alpha}\cos2\theta + q\cot\alpha\right), \quad \sigma_\theta = \frac{q}{\sin\alpha}\cos2\theta - q\cot\alpha, \quad \tau_{r\theta} = \frac{q}{\sin\alpha}\sin2\theta$$

【Analysis】 For a symmetrical wedge under the action of symmetrical loads, the normal stresses σ_r and σ_θ should be even functions of θ, and the shear stress $\tau_{r\theta}$ should be an odd function of θ. Therefore, it is only necessary to retain the even function term in the stress function formula. Under antisymmetric loading, σ_r and σ_θ should be odd functions of θ, and $\tau_{r\theta}$ should be an even function of θ, so it is only necessary to retain the odd function term in the stress function formula.

【Example 4-8】 As shown in the Figure 4-9, at a certain point in the thin plate far from the boundary, the stress component is $\sigma_x = \sigma_y = 0$, $\tau_{xy} = q$, if there is a small circular hole there, try to find the maximum normal stress at the edge of the hole.

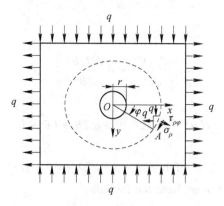

Figure 4-9   Example 4-8

【Answer】 Find the two principal stresses, namely:

$$\left.\begin{array}{c}\sigma_1 \\ \sigma_3\end{array}\right\} = \frac{\sigma_x + \sigma_y}{2} \pm \sqrt{\left(\frac{\sigma_x - \sigma_y}{2}\right)^2 + \tau_{xy}^2} = \pm q$$

The original problem becomes that the rectangular thin plate is subjected to uniform pulling force q on the left and right sides and uniform pressure q on the upper and lower sides, as shown in the Figure 4-9.

The stress component $\sigma_x = q$, $\sigma_y = -q$, $\tau_{xy} = 0$ is substituted into the coordinate transformation formula to obtain the boundary conditions on the outer boundary:

$$(\sigma_\rho)_{\rho=R} = q\cos2\varphi \tag{4-11}$$

$$(\tau_{\rho\varphi})_{\rho=R} = -q\sin2\varphi \tag{4-12}$$

At the hole edge, the boundary conditions are:

$$(\sigma_\rho)_{\rho=r} = 0 \tag{4-13}$$

$$(\tau_{\rho\varphi})_{\rho=r} = 0 \tag{4-14}$$

It can be seen from the boundary condition equations (4-11) ~ (4-14) that when using the semi-inverse solution method, it can be assumed that σ_ρ is a function of ρ multiplied by $\cos2\varphi$, and $\tau_{\rho\varphi}$ is another function of ρ multiplied by $\sin2\varphi$, and

$$\sigma_\rho = \frac{1}{\rho} \frac{\partial \Phi}{\partial \rho} + \frac{1}{\rho^2} \frac{\partial^2 \Phi}{\partial \rho^2}, \ \tau_{\rho\varphi} = -\frac{\partial}{\partial \rho}\left(\frac{1}{\rho} \frac{\partial \Phi}{\partial \rho}\right)$$

Therefore it can be assumed:

$$\Phi = f(\rho)\cos2\varphi \tag{4-15}$$

Substitute the formula (4-15) into the compatibility equation, we get:

$$\cos\left[\frac{d^4f(\rho)}{d\rho^4} + \frac{2}{\rho} \frac{d^3f(\rho)}{d\rho^3} - \frac{9}{\rho^2} \frac{d^2f(\rho)}{d\rho^2} + \frac{9}{\rho^3} \frac{df(\rho)}{d\rho}\right] = 0$$

After deleting the factor $\cos2\varphi$, solving this ordinary differential equation, we get

$$f(\rho) = A\rho^4 + B\rho^3 + C + \frac{D}{\rho^2}$$

Among them, A, B, C, D are undetermined constants. Substitute into formula (4-15) to get the stress function:

$$\Phi = \cos2\varphi\left(A\rho^4 + B\rho^2 + C + \frac{D}{\rho^2}\right) \tag{4-16}$$

Stress component expression from stress function:

$$\begin{cases} \sigma_\rho = -\cos2\varphi\left(2B + \frac{4C}{\rho^2} + \frac{6D}{\rho^4}\right) \\ \sigma_\varphi = \cos2\varphi\left(12A\rho^2 + 2B + \frac{6D}{\rho^4}\right) \\ \tau_{\rho\varphi} = \sin2\varphi\left(6A\rho^3 + 2B - \frac{2C}{\rho^2} - \frac{6D}{\rho^4}\right) \end{cases}$$

Substitute the above equation into the stress boundary condition,
From formula (4-11) we get:

$$2B + \frac{4C}{R^2} + \frac{6D}{R^4} = -q \tag{4-17}$$

From formula (4-12) we get:

$$6AR^2 + 2B - \frac{2C}{R^2} - \frac{6D}{R^4} = -q \tag{4-18}$$

From formula (4-13) we get:

$$2B + \frac{4C}{r^2} + \frac{6D}{r^4} = 0 \tag{4-19}$$

From formula (4-14) we get:

$$6Ar^2 + 2B - \frac{2C}{r^2} - \frac{6D}{r^4} = 0 \tag{4-20}$$

Combining these solved formulas (4-17) ~ (4-20), and let $\frac{r}{R} \to 0$, we get:

$$A = 0, \quad B = -\frac{q}{2}, \quad C = qr^2, \quad D = -\frac{qr^4}{2}$$

Substituting each coefficient value into the expression of the stress component, we get:

$$\begin{cases} \sigma_\rho = q\cos2\varphi\left(1 - \frac{r^2}{\rho^2}\right)\left(1 - 3\frac{r^2}{\rho^2}\right) \\[2mm] \sigma_\varphi = -q\cos2\varphi\left(1 + 3\frac{r^2}{\rho^2}\right) \\[2mm] \tau_{\rho\varphi} = \tau_{\varphi\rho} = -q\sin2\varphi\left(1 - \frac{r^2}{\rho^2}\right)\left(1 + 3\frac{r^2}{\rho^2}\right) \end{cases}$$

Along hole edge $\rho = r$, the hoop normal stress is

$$\sigma_\varphi = -4q\cos2\varphi$$

The maximum hoop normal stress is $(\sigma_\varphi)_{\max} = 4q$.

课后习题

4-1　判断题

4-1-1　对于轴对称问题，其单元体的环向平衡条件恒能满足。 （　　）

4-1-2　在轴对称问题中，应力分量和位移分量一般都与极角 θ 无关。 （　　）

4-1-3　曲梁纯弯曲时应力是轴对称的，位移并非轴对称。 （　　）

4-1-4　孔边应力集中是由于受力面减小了一些，而应力有所增大。 （　　）

4-1-5　位移轴对称时，其对应的应力分量一定也是轴对称的；反之，应力轴对称时，其对应的位移分量一定也是轴对称的。 （　　）

4-2　填空题

4-2-1　轴对称问题的平衡微分方程有_____个，是_____。

4-2-2　只有当_____时，位移分量才是轴对称的。

4-2-3　圆环仅受均布外压力作用时，环向最大压应力出现在_____。

4-2-4　圆环仅受均布内压力作用时，环向最大拉应力出现在_____。

4-2-5　对于承受内压很高的简体，采用组合圆简，可以降低_____。

4-2-6　孔边应力集中的程度与孔的形状_____，与孔的大小_____。

4-2-7　孔边应力集中的程度越高，集中现象的范围越_____。

4-3　选择题

4-3-1　如图 4-10 所示物体中不为单边域的是 （　　）

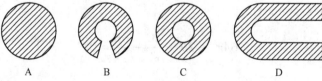

A　　　　　　B　　　　　　C　　　　　　D

图 4-10　题 4-3-1 图

4-3-2　如果必须在弹性体上挖孔，那么其形状应尽可能采用　　　　　　　　　　（　　）

A. 正方形 　　　　　　　　　　　　　B. 菱形

C. 圆形 　　　　　　　　　　　　　　D. 椭圆形

4-3-3　如图 4-11 所示圆环仅受均布外压力作用时　　　　　　　　　　　　　　（　　）

A. σ_ρ 为压应力，σ_φ 为压应力

B. σ_ρ 为压应力，σ_φ 为拉应力

C. σ_ρ 为拉应力，σ_φ 为压应力

D. σ_ρ 为拉应力，σ_φ 为拉应力

4-3-4　如图 4-12 所示圆环仅受均布内压力作用时　　　　　　　　　　　　　　（　　）

A. σ_ρ 为压应力，σ_φ 为压应力

B. σ_ρ 为压应力，σ_φ 为拉应力

C. σ_ρ 为拉应力，σ_φ 为压应力

D. σ_ρ 为拉应力，σ_φ 为拉应力

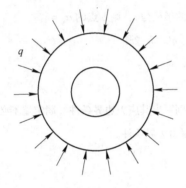

图 4-11　题 4-3-3 图

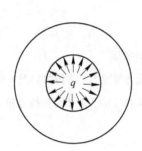

图 4-12　题 4-3-4 图

4-3-5　如图 4-13 所示，同一圆环受三种不同的均布压力，内壁处环向应力绝对值最小的是　（　　）

A.（1） 　　　　　　　　　　　　　　B.（2）

C.（3） 　　　　　　　　　　　　　　D.（1）（2）（3）

（1）　　　　　　　　　　　（2）　　　　　　　　　（3）

图 4-13　题 4-3-5 图

4-3-6　如图 4-14 所示开孔薄板中的最大应力应该是　　　　　　　　　　　　　　　　（　　）

A. a 点的 σ_x 　　　　　　　　　　　B. b 点的 σ_φ

C. c 点的 σ_φ 　　　　　　　　　　　D. d 点的 σ_x

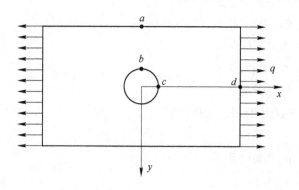

图 4-14　题 4-3-6、题 4-3-7 图

4-3-7　如图 4-14 所示开孔薄板的厚度为 t，宽度为 h，孔的半径为 r，则 b 点的 $\sigma_\varphi =$　　　（　　）

A. q 　　　　　　　　　　　　　　　B. $qh/(h-2r)$

C. $2q$ 　　　　　　　　　　　　　　　D. $3q$

4-4　分析与计算题

4-4-1　曲梁及悬臂梁的受力情况如图 4-15（a）所示，分别写出其应力边界条件（固定端不必写出）。对于图 4-15（b），要求分别按直角坐标和极坐标系写出边界条件。

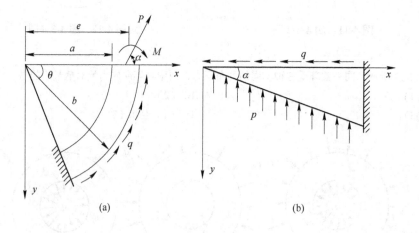

图 4-15　题 4-4-1 图

4-4-2　试证应力函数 $\varphi = \dfrac{M}{2\pi}\theta$ 可以满足相容条件，并求出相对应的应力分量。不考虑体力，设有内半径为 a，外半径为 b 的圆环发生了上述应力（如图 4-16 所示），试求出边界上的面力。

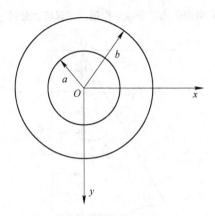

图 4-16　题 4-4-2 图

4-4-3　如图 4-17 所示，半平面体表面上受均布水平力 q，试用应力函数 $\Phi = \rho^2(B\sin2\varphi + C\varphi)$ 求解应力分量。

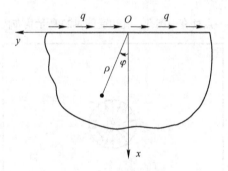

图 4-17　题 4-4-3 图

4-4-4　如图 4-18 所示，设有厚度为 1 的无限大薄板，在板内小孔中受集中力 F，试用应力函数 $\Phi = A\rho\ln\rho\cos\varphi + B\rho\varphi\sin\varphi$ 求解。

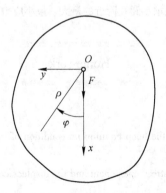

图 4-18　题 4-4-4 图

4-4-5　如图 4-19 所示，楔形体右侧面受均布荷载 q 作用，试求应力分量。

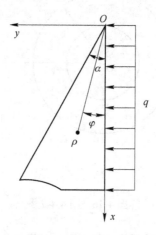

图 4-19　题 4-4-5 图

4-4-6　设有一刚性体，具有半径为 R 的圆柱形孔道，孔道内放置外半径为 R 而内半径为 r 的圆筒，圆筒受内压力 q，试求圆筒的应力。

4-4-7　在板内距边界较远的某一点处有一圆孔，孔边受图 4-20 所示均布内压 q，试求板内应力。

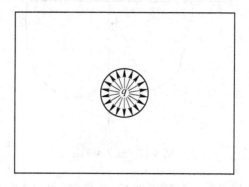

图 4-20　题 4-4-7 图

4-4-8　在表面为 h 的弹性地基中，挖一直径为 d 的水平圆形孔道，设 $h \gg d$，弹性地基的密度为 ρ，弹性模量为 E，泊松比为 μ。试求小圆孔附近的最大、最小应力。

Homework

4-1　True or false

4-1-1　For the axisymmetric problem, the hoop equilibrium condition of the unit body is always satisfied.

（　　）

4-1-2　In axisymmetric problems, the stress component and the displacement component are generally independent of the polar angle θ.

（　　）

4-1-3　When a curved beam is purely bent, the stress is axisymmetric, and the displacement is not axisymmetric.

（　　）

4-1-4 The stress concentration at the edge of the hole is due to the reduction of the force-bearing surface and the increase of the stress. ( )

4-1-5 When the displacement is axisymmetric, its corresponding stress component must also be axisymmetric; on the contrary, when the stress is axisymmetric, its corresponding displacement component must also be axisymmetric. ( )

4-2 Fill in the blanks

4-2-1 There are_____ balance differential equations for axisymmetric problems, which are_____.

4-2-2 The displacement component is axisymmetric only when_____.

4-2-3 When the ring is only subjected to uniform external pressure, the maximum compressive stress in the ring direction appears at _____.

4-2-4 When the ring is only subjected to uniform internal pressure, the maximum tensile stress in the ring direction appears at_____.

4-2-5 For cylinders with high internal pressure, the use of combined cylinders can reduce_____.

4-2-6 The degree of stress concentration at the edge of the hole and the shape of the hole_____, and the size of the hole_____.

4-2-7 The higher the degree of stress concentration on the edge of the hole, the more _____ the range of the concentration phenomenon.

4-3 Multiple Choice Questions

4-3-1 As shown in Figure 4-10, what is not a unilateral domain is ( )

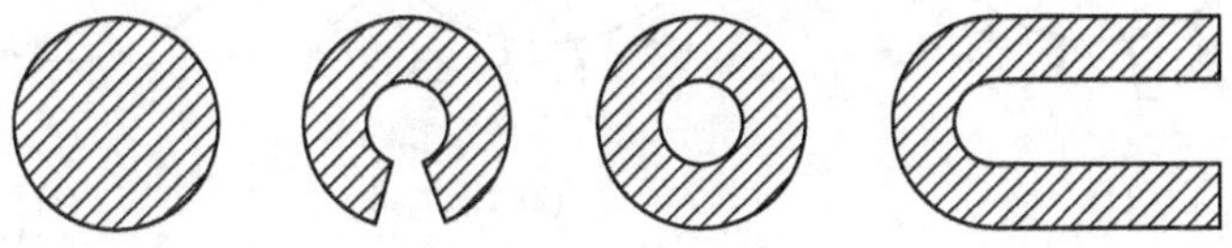

Figure 4-10 Question 4-3-1

4-3-2 If it is necessary to dig holes in the elastic body, its shape should be as much as possible ( )
A. Square   B. Rhombus
C. Circle   D. Oval

4-3-3 As shown in Figure 4-11, when the ring is only subjected to uniform external pressure ( )
A. σ_ρ is compressive stress, σ_φ is compressive stress
B. σ_ρ is compressive stress, σ_φ is tensile stress
C. σ_ρ is tensile stress, σ_φ is compressive stress
D. σ_ρ is tensile stress, σ_φ is tensile stress

4-3-4 As shown in Figure 4-12, when the ring is only subjected to uniform internal pressure ( )
A. σ_ρ is compressive stress, σ_φ is compressive stress
B. σ_ρ is compressive stress, σ_φ is tensile stress
C. σ_ρ is tensile stress, σ_φ is compressive stress
D. σ_ρ is tensile stress, σ_φ is tensile stress

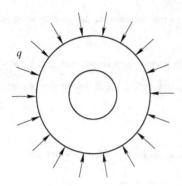

Figure 4-11   Question 4-3-3

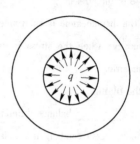

Figure 4-12   Question 4-3-4

4-3-5 As shown in Figure 4-13, the same ring is subjected to three different uniform pressures, and the absolute value of the hoop stress at the inner wall is the smallest   (   )

A. (1)   B. (2)

C. (3)   D. (1) (2) (3)

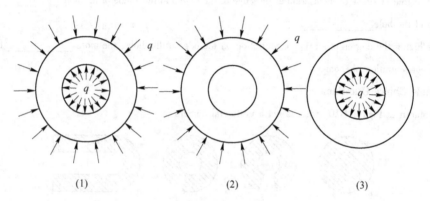

(1)   (2)   (3)

Figure 4-13   Question 4-3-5

4-3-6 The maximum stress in the perforated sheet as shown in Figure 4-14 should be   (   )

A. σ_x at point a B. σ_φ at point b

C. σ_φ at point c D. σ_x at point d

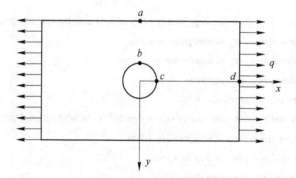

Figure 4-14   Questions 4-3-6, 4-3-7

4-3-7 As shown in Figure 4-14, the thickness of the perforated sheet is t, the width is h, and the radius of the hole is r, then the point b $\sigma_\varphi =$ ( )

A. q B. $qh/(h-2r)$

C. $2q$ D. $3q$

4-4 Analysis and calculation questions

4-4-1 The stress condition of curved beam and cantilever beam is shown in Figure 4-15 (a), and the stress boundary conditions are written respectively (the fixed end need not be written). For Figure 4-15 (b), try to write the boundary conditions in cartesian and polar coordinates.

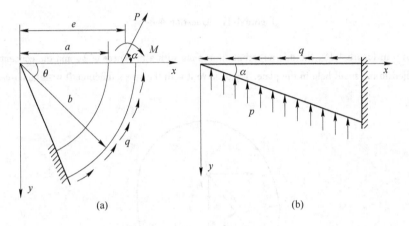

(a)   (b)

Figure 4-15   Question 4-4-1

4-4-2 Verify that the stress function $\varphi = \dfrac{M}{2\pi}\theta$ can satisfy the compatibility conditions, and find the corresponding stress components. Regardless of the physical force, a ring with an inner radius a and an outer radius b has the above stress (as shown in Figure 4-16), and try to find the surface force on the boundary.

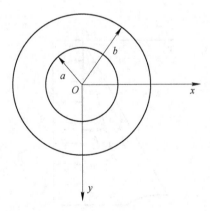

Figure 4-16   Question 4-4-2

4-4-3 As shown in Figure 4-17, a uniformly distributed horizontal force q is applied to the surface of the semi-planar body. Try to solve the stress component by using the stress function $\Phi = \rho^2(B\sin2\varphi + C\varphi)$.

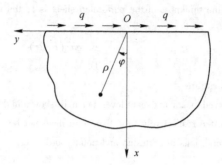

Figure 4-17   Question 4-4-3

4-4-4   As shown in Figure 4-18, there is an infinite thin plate with a thickness of 1, and the concentrated force F is applied to the small hole in the plate. Try to solve it with the stress function $\Phi = A\rho\ln\rho\cos\varphi + B\rho\varphi\sin\varphi$.

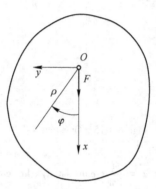

Figure 4-18   Question 4-4-4

4-4-5   As shown in Figure 4-19, the right side of the wedge is subjected to uniform load q, and try to find the stress component.

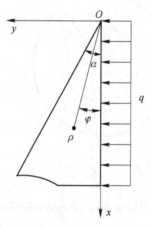

Figure 4-19   Question 4-4-5

4-4-6　Set up a rigid body with a cylindrical channel with a radius R. A cylinder with an outer radius R and an inner radius r is placed in the channel. The cylinder is subjected to an internal pressure q. Try to find the stress of the cylinder.

4-4-7　There is a circular hole at a point far from the boundary in the plate, and the edge of the hole is subjected to the uniform internal pressure q as shown in Figure 4-20, try to find the internal stress of the plate.

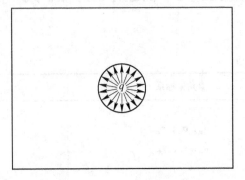

Figure 4-20　Question 4-4-7

4-4-8　In the elastic foundation with surface h, dig a horizontal circular hole with diameter d, set $h \gg d$, the density of the elastic foundation is ρ, the elastic modulus is E, and the Poisson's ratio is μ. Find the maximum and minimum stress around the small circular hole.

附录 弹性力学基本方程
（平面应力问题，体力为常数）

内　容	直角坐标系	极坐标系
基本变量	σ_x, σ_y, τ_{xy} ε_x, ε_y, γ_{xy} u, v	σ_r, σ_θ, $\tau_{r\theta}$ ε_r, ε_θ, $\gamma_{r\theta}$ r, θ
平衡微分方程	$\dfrac{\partial \sigma_x}{\partial x} + \dfrac{\partial \tau_{xy}}{\partial y} + f_x = 0$ $\dfrac{\partial \tau_{xy}}{\partial x} + \dfrac{\partial \sigma_y}{\partial y} + f_y = 0$	$\dfrac{\partial \sigma_r}{\partial r} + \dfrac{1}{r}\dfrac{\partial \tau_{\theta r}}{\partial \theta} + \dfrac{\sigma_r - \sigma_\theta}{r} + k_r = 0$ $\dfrac{1}{r}\dfrac{\partial \sigma_\theta}{\partial \theta} + \dfrac{\partial \tau_{r\theta}}{\partial r} + \dfrac{2\tau_{r\theta}}{r} + k_\theta = 0$
几何方程	$\varepsilon_x = \dfrac{\partial u}{\partial x}$ $\varepsilon_y = \dfrac{\partial v}{\partial y}$ $\gamma_{xy} = \dfrac{\partial v}{\partial x} + \dfrac{\partial u}{\partial y}$	$\varepsilon_r = \dfrac{\partial u_r}{\partial r}$ $\varepsilon_\theta = \dfrac{u_r}{r} + \dfrac{1}{r}\dfrac{\partial u_\theta}{\partial \theta}$ $\gamma_{r\theta} = \dfrac{1}{r}\dfrac{\partial u_r}{\partial \theta} + \dfrac{\partial u_\theta}{\partial r} - \dfrac{u_\theta}{r}$
物理方程	$\varepsilon_x = \dfrac{1}{E}(\sigma_x - \mu\sigma_y)$ $\varepsilon_y = \dfrac{1}{E}(\sigma_y - \mu\sigma_x)$ $\gamma_{xy} = \dfrac{2(1+\mu)}{E}\tau_{xy}$	$\varepsilon_r = \dfrac{1}{E}(\sigma_r - \mu\sigma_\theta)$ $\varepsilon_\theta = \dfrac{1}{E}(\sigma_\theta - \mu\sigma_r)$ $\gamma_{r\theta} = \dfrac{2(1+\mu)}{E}\tau_{r\theta}$
相容方程-1 （应变）	$\dfrac{\partial^2 \varepsilon_x}{\partial y^2} + \dfrac{\partial^2 \varepsilon_y}{\partial x^2} = \dfrac{\partial^2 \gamma_{xy}}{\partial x \partial y}$	—
相容方程-2 （应力）	$\nabla^2(\sigma_x + \sigma_y) = 0$	—

续附录

内　容	直角坐标系	极坐标系
相容方程-3 （应力函数）	$\nabla^4\phi = \dfrac{\partial^4\phi}{\partial x^4} + 2\dfrac{\partial^4\phi}{\partial x^2\partial y^2} + \dfrac{\partial^4\phi}{\partial y^4} = 0$	$\nabla^4\phi = \left(\dfrac{\partial^2}{\partial r^2} + \dfrac{1}{r}\dfrac{\partial}{\partial r} + \dfrac{1}{r^2}\dfrac{\partial^2}{\partial\theta^2}\right)^2\phi = 0$
应力边界条件	$l(\sigma_x)_s + m(\tau_{xy})_s = \overline{X}$ $m(\sigma_y)_s + l(\tau_{xy})_s = \overline{Y}$	$l(\sigma_r)_s + m(\tau_{r\theta})_s = \overline{k}_r$ $m(\sigma_\theta)_s + l(\tau_{r\theta})_s = \overline{k}_\theta$
应力分量表达式 （不计体力）	$\sigma_x = \dfrac{\partial^2\phi}{\partial y^2}$ $\sigma_y = \dfrac{\partial^2\phi}{\partial x^2}$ $\tau_{xy} = -\dfrac{\partial^2\phi}{\partial x\partial y}$	$\sigma_r = \dfrac{1}{r}\dfrac{\partial\phi}{\partial r} + \dfrac{1}{r^2}\dfrac{\partial^2\phi}{\partial\theta^2}$ $\sigma_\theta = \dfrac{\partial^2\phi}{\partial r^2}$ $\tau_{r\theta} = -\dfrac{\partial}{\partial r}\left(\dfrac{1}{r}\dfrac{\partial\phi}{\partial\theta}\right)$

Appendix Basic Equations of Elastic Mechanics (Plane Stress Problem, Body Force is Constant)

Content	Cartesian coordinate	Polar coordinate
Basic Variables	$\sigma_x,\ \sigma_y,\ \tau_{xy}$ $\varepsilon_x,\ \varepsilon_y,\ \gamma_{xy}$ $u,\ v$	$\sigma_r,\ \sigma_\theta,\ \tau_{r\theta}$ $\varepsilon_r,\ \varepsilon_\theta,\ \gamma_{r\theta}$ $r,\ \theta$
Equilibrium differential equations	$$\frac{\partial \sigma_x}{\partial x} + \frac{\partial \tau_{xy}}{\partial y} + f_x = 0$$ $$\frac{\partial \tau_{xy}}{\partial x} + \frac{\partial \sigma_y}{\partial y} + f_y = 0$$	$$\frac{\partial \sigma_r}{\partial r} + \frac{1}{r}\frac{\partial \tau_{\theta r}}{\partial \theta} + \frac{\sigma_r - \sigma_\theta}{r} + k_r = 0$$ $$\frac{1}{r}\frac{\partial \sigma_\theta}{\partial \theta} + \frac{\partial \tau_{r\theta}}{\partial r} + \frac{2\tau_{r\theta}}{r} + k_\theta = 0$$
Geometric equations	$$\varepsilon_x = \frac{\partial u}{\partial x}$$ $$\varepsilon_y = \frac{\partial v}{\partial y}$$ $$\gamma_{xy} = \frac{\partial v}{\partial x} + \frac{\partial u}{\partial y}$$	$$\varepsilon_r = \frac{\partial u_r}{\partial r}$$ $$\varepsilon_\theta = \frac{u_r}{r} + \frac{1}{r}\frac{\partial u_\theta}{\partial \theta}$$ $$\gamma_{r\theta} = \frac{1}{r}\frac{\partial u_r}{\partial \theta} + \frac{\partial u_\theta}{\partial r} - \frac{u_\theta}{r}$$
Physical equations	$$\varepsilon_x = \frac{1}{E}(\sigma_x - \mu\sigma_y)$$ $$\varepsilon_y = \frac{1}{E}(\sigma_y - \mu\sigma_x)$$ $$\gamma_{xy} = \frac{2(1+\mu)}{E}\tau_{xy}$$	$$\varepsilon_r = \frac{1}{E}(\sigma_r - \mu\sigma_\theta)$$ $$\varepsilon_\theta = \frac{1}{E}(\sigma_\theta - \mu\sigma_r)$$ $$\gamma_{r\theta} = \frac{2(1+\mu)}{E}\tau_{r\theta}$$
Compatibility equation -1 (strain)	$$\frac{\partial^2 \varepsilon_x}{\partial y^2} + \frac{\partial^2 \varepsilon_y}{\partial x^2} = \frac{\partial^2 \gamma_{xy}}{\partial x \partial y}$$	—
Compatibility equation -2 (strain)	$$\nabla^2(\sigma_x + \sigma_y) = 0$$	—

Continued Table

Content	Cartesian coordinate	Polar coordinate
Compatibility equation -3 (stress function)	$\nabla^4\phi = \dfrac{\partial^4\phi}{\partial x^4} + 2\dfrac{\partial^4\phi}{\partial x^2\partial y^2} + \dfrac{\partial^4\phi}{\partial y^4} = 0$	$\nabla^4\phi = \left(\dfrac{\partial^2}{\partial r^2} + \dfrac{1}{r}\dfrac{\partial}{\partial r} + \dfrac{1}{r^2}\dfrac{\partial^2}{\partial\theta^2}\right)^2\phi = 0$
Stress boundary conditions	$l(\sigma_x)_s + m(\tau_{xy})_s = \overline{X}$ $m(\sigma_y)_s + l(\tau_{xy})_s = \overline{Y}$	$l(\sigma_r)_s + m(\tau_{r\theta})_s = \overline{k}_r$ $m(\sigma_\theta)_s + l(\tau_{r\theta})_s = \overline{k}_\theta$
Expression of stress component (not counting physical strength)	$\sigma_x = \dfrac{\partial^2\phi}{\partial y^2}$ $\sigma_y = \dfrac{\partial^2\phi}{\partial x^2}$ $\tau_{xy} = -\dfrac{\partial^2\phi}{\partial x\partial y}$	$\sigma_r = \dfrac{1}{r}\dfrac{\partial\phi}{\partial r} + \dfrac{1}{r^2}\dfrac{\partial^2\phi}{\partial\theta^2}$ $\sigma_\theta = \dfrac{\partial^2\phi}{\partial r^2}$ $\tau_{r\theta} = -\dfrac{\partial}{\partial r}\left(\dfrac{1}{r}\dfrac{\partial\phi}{\partial\theta}\right)$

参考文献（References）

[1] 周喻，王莉．简明工程弹性力学与有限元分析［M］．北京：冶金工业出版社，2019.

[2] 徐芝纶．弹性力学简明教程［M］．北京：高等教育出版社，2013.

[3] 王润富，陈国荣．弹性力学及有限单元法［M］．北京：高等教育出版社，2005.

[4] 沃国伟，王元淳．弹性力学［M］．上海：上海交通大学出版社，1998.

[5] 刘海英．弹性力学简明教程［M］．北京：中国时代经济出版社，2007.

[6] 林小松，樊友景．《弹性力学》题解［M］．武汉：武汉理工大学出版社，2003.

[7] 孔德森，门燕青．弹性力学学习指导与题解指南［M］．上海：同济大学出版社，2010.

[8] 刘小明，俞进萍，谭道宏．弹性力学题解［M］．武昌：华中科技大学出版社，2003.

冶金工业出版社部分图书推荐

书　名	作　者	定价(元)
简明工程弹性力学与有限元分析	周　喻	30.00
Basic English of Rock Mechanics	周　喻	39.00
采场地压控制	李俊平	25.00
现代采矿理论与机械化开采技术	李俊平	43.00
矿山安全技术	张巨峰	35.00
特殊采矿技术	尹升华	41.00
采矿 CAD 技术教程	聂兴信	39.00
采矿 CAD 二次开发技术教程	李角群	39.00
矿物化学处理（第 2 版）	李正要	49.00
有限单元法原理与实例教程	赵　奎	39.00
应用岩石力学	朱万成	58.00
矿山岩石力学（第 2 版）	李俊平	58.00
矿山安全技术实训	杨峰峰	39.00
采矿学（第 3 版）	顾晓薇	75.00
矿产开发利用简明知识手册	武秋杰	50.00
矿井排水技术与装备	刘志民	50.00
矿山机械	田新邦	79.00
露天采矿学	叶海旺	59.00
采矿系统工程	顾清华	45.00
现代爆破工程	程　平	47.00